宝　　石

（修订典藏版）

苏　易／编著

辽宁美术出版社

图书在版编目（CIP）数据

宝石：修订典藏版 / 苏易编著. — 沈阳：辽宁美
术出版社，2020.11

（世界高端文化珍藏图鉴大系）

ISBN 978-7-5314-8570-4

Ⅰ．①宝… Ⅱ．①苏… Ⅲ．①宝石－图集 Ⅳ.
①TS933.21-64

中国版本图书馆CIP数据核字（2019）第271451号

出 版 者：辽宁美术出版社
地　　址：沈阳市和平区民族北街29号　邮编：110001
发 行 者：辽宁美术出版社
印 刷 者：北京市松源印刷有限公司
开　　本：787mm×1092mm　1/16
印　　张：16
字　　数：250千字
出版时间：2020年11月第1版
印刷时间：2020年11月第1次印刷
责任编辑：彭伟哲
封面设计：胡　艺
版式设计：文贤阁
责任校对：郝　刚
书　　号：ISBN 978-7-5314-8570-4
定　　价：98.00元

邮购部电话：024-83833008
E-mail:lnmscbs@163.com
http://www.lnmscbs.cn
图书如有印装质量问题请与出版部联系调换
出版部电话：024-23835227

前言
PREFACE

历史遗留的无穷宝藏，满载着时间的痕迹和人类的智慧，历经千百年岁月的积淀，让文明永恒。流传着、品味着、感悟着，在心灵中荡起波澜，让生活充满奇迹，这就是收藏的魅力。收藏古玩珍宝，也就收藏了一段历史，收藏了一种文化……

几千年来，宝石始终被视为充满魔力的护身宝物，成为神话和传奇的焦点。本书展示了宝石的奇特之美，以及它们在人类历史中所占的地位，从象征无上皇权的柯伊诺尔钻石"光明之山"，到颇具传奇色彩的叶卡捷琳娜大帝的琥珀宫，应有尽有。

本书系统介绍了钻石、祖母绿、红宝石、蓝宝石、猫眼石、变石、欧泊等的历史文化、传说、基本特征、真假鉴别、质量评估、选购指导等，以鲜明清晰的图片、通俗易懂的语言向读者展示了宝石的华丽家族，提供了丰富的宝石鉴赏知识，展现出其无穷魅力。

CONTENTS

目 录

第一章 宝石的概述

什么是宝石 / 002

宝石的特点 / 005

宝石的分类 / 010

宝石的特性 / 016

宝石的开采 / 023

宝石的加工与雕琢 / 026

宝石鉴定工具 / 039

宝石的优化处理 / 042

第二章 经久不变的钻石

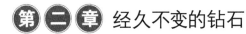

钻石的形成 / 046

钻石的基本性质 / 047

钻石的产地 / 048

钻石的种类 / 052

钻石的鉴别 / 053

钻石的加工 / 060

钻石的评价标准 / 063

钻饰的选购与养护 / 069

钻石的收藏 / 073

宝　石

第三章　瑰丽清澈的红宝石

红宝石的基本特征 / 076

红宝石的产地 / 077

红宝石的评价标准 / 083

红宝石的鉴别 / 086

红宝石的选购与收藏 / 091

第四章　时尚优雅的蓝宝石

蓝宝石的基本特征 / 094

蓝宝石的产地 / 095

蓝宝石的种类 / 098

蓝宝石的评价标准 / 099

蓝宝石的鉴别 / 102

蓝宝石的选购与收藏 / 108

第五章　含蓄自然的祖母绿

祖母绿的基本特征 / 112

祖母绿的产地 / 113

祖母绿的种类 / 118

祖母绿的评价标准 / 119

祖母绿的鉴别 / 123

祖母绿的选购与收藏 / 127

炫目华彩的金绿宝石

金绿宝石的基本特征 / 130

金绿宝石的产地 / 131

金绿宝石的种类 / 132

金绿宝石的评价标准 / 136

金绿宝石的鉴别 / 139

金绿宝石的选购与收藏 / 141

第七章 错落有致的碧玺

碧玺的基本特征 / 144

碧玺的产地 / 145

碧玺的种类 / 146

碧玺的评价标准 / 150

碧玺的鉴别 / 152

碧玺的选购与收藏 / 155

 晶光闪耀的水晶

水晶的基本特征 / 158

水晶的产地 / 160

水晶的种类 / 161

水晶的评价标准 / 174

水晶的鉴别 / 179

水晶的选购与收藏 / 180

第九章 与众不同的欧泊

欧泊的基本特征 / 184

欧泊的产地 / 185

欧泊的种类 / 186

欧泊的评价标准 / 190

欧泊的鉴别 / 193

欧泊的选购与收藏 / 199

第十章 历久弥新的珊瑚

珊瑚的基本特征 / 202

珊瑚的产地 / 205

珊瑚的种类 / 207

珊瑚的评价标准 / 210

珊瑚的鉴别 / 213

珊瑚的选购与收藏 / 223

第十一章 绚丽夺目的尖晶石

尖晶石的基本特征 / 228

尖晶石的产地 / 229

尖晶石的种类 / 230

尖晶石的评价标准 / 233

尖晶石的鉴别 / 235

尖晶石的选购与收藏 / 238

第十二章 高雅大方的石榴石

石榴石的基本特征 / 240

石榴石的产地 / 241

石榴石的种类 / 242

石榴石的评价标准 / 243

石榴石的鉴别 / 244

石榴石的选购与收藏 / 246

第一章

宝石的概述

从古至今，宝石在人们的心中一直是可望而不可即的珍物。它的璀璨，它的昂贵，它承载的人类文明使之成为财富、时尚与品位的象征。

Gem

G 什么是宝石
em ▶▶▶

· · · · · · ·

    宝石是大自然孕育的精华，集万千宠爱于一身。时至今日，人们对宝石的喜爱之情更是有增无减，宝石不再是象征身份、地位的奢侈品，而更多地成为点缀生活、美化自我的装饰品。宝石的世界是多彩的、绚丽的，这不仅归功于宝石种类的繁多，还归功于每种宝石自身的多样化。

    宝石的世界绚烂多彩，其不朽的魅力则源于自身的晶体结构和特含的化学成分。正是这两者的完美结合，才成就了宝石的晶莹剔透、五彩斑斓、清澈透明、靓丽夺目。

    宝石的神秘除了自身的特点外还在于它的千变万化，即便是同一种宝石，其元素含量的细微差别都会导致其颜色、光泽、透明度有所差异，为有限的宝石资源增添了无限的多样性。

冰种紫罗兰翡翠手镯

宝石特有的光学效应增添了宝石的神秘感，如金绿宝石，就可以形成顶级的金绿猫眼。此外还有许多种宝石具备特殊的效应，如具热电效应的碧玺、具静电效应的琥珀、具压电效应的水晶等。

而人为的雕琢更是将宝石的绚丽多彩表现得淋漓尽致。如八箭八心型、刻面弧面结合的电脑设计琢型等，都是从不同角度将宝石的内在美展现在世人面前。

宝石和"玉"一样，都是文化学的概念，一般指的是颜色鲜艳、质地晶莹、光泽灿烂、坚硬耐久，同时赋存稀少，可以用来制作首饰等物品的天然矿物晶体。其具有瑰丽、稀有、耐久坚固和小巧四个基本特征。宝石一般有狭义概念和广义概念之分。

狭义概念

狭义概念上的宝石和玉石有所差别。从传统意义上来讲，宝石是天然形成的，具有色彩瑰丽、晶莹剔透、坚硬耐久的性质，是一种稀少珍贵的可制作成珠宝首饰的单矿物晶体。宝石既有天然的也有人工合成的，此概念虽然涵盖的宝石品种不多，但价值却最高。

钻石

广义概念

　　广义概念上的宝石和玉石不分，泛称宝石，指的是色彩瑰丽、坚硬耐久、稀少，并且在经过琢磨、雕刻后可以成为首饰或工艺品的材料。

粉晶手链

G em ▶▶▶ 宝石的特点

宝石的特点，概括来说即为美丽、耐久、稀少。

地球上蕴藏着 3000 多种不同的矿物，但能够称之为宝石的，仅有 230 余种。而在这其中，有些容易磨损，有些不适合佩戴，有些产量稀少，它们只能成为收藏家的收藏品或是专业人士的试验品，在市面上常见的宝石大概仅有 20 余种。

美丽

美丽是宝石给人的第一印象，也是评价宝石的重要标准之一。正是由其颜色、光泽、特殊光效、透明度、纯净度等的完美结合才成就了它的璀璨剔透。

颜色

颜色是人们识别宝石的重要参照，颜色的美丽是衡量宝石价值的重要指标。一般情况下，人们认为宝石越是色彩斑斓越好，实际上宝石分为无色系列和彩色系列。无色系列指的是黑、白、灰；彩色系列是赤、橙、黄、绿、靛、蓝、紫七大光谱色，以及这七大颜色的过渡色与黑、白、灰组成的组合色。一般认为上乘的颜色为红、鲜红、蓝、翠绿、金黄等绚丽色调。即便是同一种颜色，色调的深浅也会影响宝石的价值，色调太深会使宝石发暗、发灰或发黑，从而价值降低。所以宝石的颜色要求艳丽、纯正、均匀。而无色宝石则是越没有颜色，价值越高。

光泽

美丽的天然宝石除了要色彩鲜艳，还要光泽亮丽。光泽指的是宝石表面反射光芒所产生的光学效果。反射能力越强，光泽度就越强，价值也必然越高。但每一种宝石的光泽是一定的。依据折光率的不同，宝石可划分为金刚光泽、玻璃光泽、油脂光泽、丝绢光泽、蜡状光泽、珍珠光泽、树脂光泽。有"宝石之王"美誉的钻石，便是有着所有宝石中最强的金刚光泽。

黑曜石平安扣貔貅吊坠

红宝石

宝光效应

宝光效应主要是指宝石特有的光学效应，是体现宝石美丽的重要光学现象。如星光效应、猫眼效应、变彩效应、变色效应、砂金效应、月光效应、晕彩效应等。金绿宝石就是因为所具有的猫眼效应与变色效应而跻身于名贵宝石行列。

透明度

玲珑剔透、晶莹无瑕历来是评价宝石的重要标准之一，一般来说宝石透明度越高就越贵重。透明度决定了宝石的反射能力，透明度越高其反射能力越强，宝石越晶莹亮丽。自然界的宝石一般为透明或半透明，透明程度是由宝石内部的纯净度来决定的，内部没有裂纹、所含的杂质少，宝石的透明度就高。而彩色宝石因为本身颜色的影响，不能达到完全清澈透明，然而较高的透明度必会明显提高其总体价值。

18K 金镶天然蓝宝石、红宝石配钻石鹦鹉胸针

坦桑石吊坠

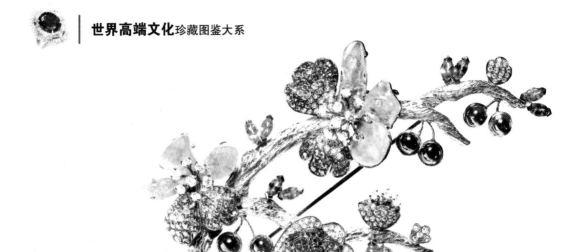

彩色澳珀红蓝宝石胸花兼吊坠

质地

宝石质地的好坏直接影响宝石的价值。质地指的是宝石的晶体结构，完美的宝石少杂质或包裹体，颜色均匀，无裂纹，晶体结晶好，粒度大，晶体生长线不甚明显，反之则不然。

总之，宝石美丽的评判标准就是颜色鲜亮、光泽强烈、具有特殊的宝光效应、透明度高、质地纯净。

耐久性

宝石不仅应璀璨夺目，还应该具有一定的耐久性，要经得起磨损和腐蚀等。宝石的耐久性与宝石的硬度和韧度有密切关系，也是最终决定原石能否成为宝石的关键。

通常，宝石的硬度大、韧度大、化学稳定性好，则抗磨损、易保存。硬度指的是宝石抗磨损和抗腐蚀的能力，硬度越高，宝石的价值越高。因此硬度同为评判宝石的一个标准。

韧度与宝石的内部结构有关，指的是宝石抗拉伸、抗压等能力，韧度决定了宝石的碎裂性，韧度高的宝石就不易破碎。

硬度高的宝石不一定韧度也大，韧度大的宝石也不一定硬度够高，所以好的宝石要同时具备高硬度和强韧度两个因素。

稀缺性

中国有句古话："物以稀为贵。"即稀少与珍贵是等同的，稀缺性在决定宝石价值上起着重要的作用。这种稀有既包括品种上的稀有，也包括质量上的稀有。如一颗具有精美色彩、质地上乘的祖母绿是极稀少的，它比一颗大小和品质相当的钻石价格要高出好几倍。再如紫晶、绿色的橄榄石、紫红色石榴石，因其产量大，价值就相对较低。钻石、红宝石、蓝宝石、祖母绿和金绿宝石这五大名贵宝石因产出很少，并且兼具其他两个因素：美丽、耐久，而被人们称为极品宝石。

坦桑石戒指

Gem ▶▶▶ 宝石的分类

· · · · · · ·

宝石的分类方法有很多，一般情况下，宝石研究人员习惯于用专业的族、种、亚种的分类方法，而宝石商人则喜欢根据其价值把它分为高档宝石和中低档宝石，另外可以按材质、成因、珍稀度来分类。

1932 年，日本学者西同董提出按金属矿物和有机矿物划分珠宝。1978 年，中国学者栾秉璈提出珠宝三分法，即狭义宝石、彩石(包括玉石)和有机质宝石。后来，周佩玲女士提出天然宝石和人工宝石划分新主张，有机宝石和无机宝石划入天然宝石类。现代的宝石分类为了囊括各民族对宝石的观念，一般采用下面的几项分类标准。

金田黄手把件   紫色石榴石手链

皇冠式手链
主石为 1 颗梨形切割黄钻，总重 10.31
克拉。267 颗白钻总重 36 克拉。

按材质分类

按照宝石的材质分类，可以将宝石分为有机宝石和无机宝石。

有机宝石

有机宝石又叫生物宝石，主要有珍珠、琥珀、珊瑚等，后来有人也将象牙、煤精、
玳瑁、海马牙等归入此类。

无机宝石

无机宝石指的是自然界产出的矿物晶体，主要有钻石、红宝石、蓝宝石、祖母
绿、金绿宝石、碧玺、石榴石、橄榄石、尖晶石、锆石等。也有人将和田玉、水晶、
玛瑙、寿山石等归入此类。

5.4 克拉红碧玺钻石吊坠

心形红碧玺吊坠

按成因分类

按成因分类可将宝石分为天然宝石和人工宝石。

天然宝石

天然宝石指产于大自然，具有美丽、耐久、稀少等性质，且可加工成装饰品的矿物质。

人工宝石

人工宝石指通过人为手段而制造出来的宝石，可进一步划分为合成宝石、人造宝石、拼合宝石与再造宝石四类。由于人工宝石不是天然品，所以被许多人当作假宝石，但人工宝石早已被用在国防、民用装饰等方面，并且有很大的影响和作用，因此人工宝石不能和假宝石相提并论。

按珍稀度分类

按宝石产量的稀有程度,可以将宝石分为常见宝石、罕见宝石。需要注意的是这种分类方法不是依靠宝石的价值而定的。

常见宝石

常见宝石就是市场上出现最多的宝石,这类宝石有一定的产量,而且很受人们的喜爱。这其中既包括钻石、金绿宝石、祖母绿、红宝石、蓝宝石等价值高的宝石,也包括水晶、碧玺、石榴石、尖晶石、橄榄石、锆石、托帕石等中等价值的宝石。

罕见宝石

罕见宝石主要指产量少,在市场上很少见到的宝石,这类宝石包括绿帘石、方柱石、黝帘石、榍石、堇青石、符山石、磷灰石等。这些名字,对于宝石爱好者还是很熟悉的,但对于一般人来说就比较陌生,如果用心寻找的话也是不难找到自己喜欢的标本的。

铂金镶钻石蓝宝石戒指　　　　　　　　碧玺套装

酒红石榴石手链

按用途分类

现代宝石学根据宝石的用途将宝石分为钻石、彩色宝石、玉石。

钻石

钻石因为本身的高透明度、色美、高硬度、高辉度和强色散性等特点，在宝石

钻石耳坠

的行列中脱颖而出，深受人们喜爱，其中透明、无色、蓝色价值最高。

彩色宝石

彩色宝石指那些有颜色的宝石，比如红宝石、蓝宝石、祖母绿、金绿宝石、欧泊、碧玺、尖晶石、石榴石、锆石、橄榄石、绿松石、青金石、珍珠等。

玉石

玉石指翡翠和白玉等多晶体集合体矿物，是专门针对中国人划分的。从地域上分，

和田玉玉牌

有新疆玉、岫岩玉、河南玉、澳洲玉、加拿大玉、独山玉、南方玉等，其中新疆和田玉是我国的名特产。从色彩上分，有白玉、京白玉、碧玉、墨玉、青玉、绿玉、黄玉、黄岫玉等。

宝石和玉石、彩石有何不同？

狭义的宝石是指天然生成的矿物质，一般为单晶体或晶体的一部分，摩氏硬度大于6。

玉石，严格意义上属于岩石，指的是由大量细小颗粒组合成的同种矿物晶体，一般摩氏硬度大于4。

彩石，也属于岩石，是由一种或多种矿物的细小晶体组成的集合体。摩氏硬度小于4，一般用来制作印章、砚台和陈设工艺品。

正常情况下，宝石的价格要高于玉石、彩石，但个别的玉石和彩石比天然宝石的价值更高，如上好的翡翠、寿山石等。

G宝石的特性
em ▶▶▶

　　宝石的璀璨是众人皆知的，但是若想要将宝石的光辉充分地展现出来，就必须要先了解宝石的迷人特质，即掌握宝石原料的光学效应和物理特性。

晶体形态

　　大多数宝石是由晶体构成的，它们一个原子挨着一个原子逐层生长，便形成了立体原子结构。正是因为这些原子结构才决定了晶体的物理特性和光学特性，即硬度、耐磨度、裂解方式、表面光线反射、折射等。大多数岩石中的晶体颗粒都很小，但是晶体如果太小或没有规则也很难形成宝石。

水晶

尖晶石

石榴石小串珠

5.79 克拉碧玺吊坠

晶系

　　地质学家、矿物学家和宝石学家将矿物晶体按照对称性分为不同的晶系。如钻石是由碳原子以六方体、八面体和其他晶体的形态聚合而成的矿物。与尖晶石、石榴石同属等轴晶系。

硬度

　　硬度是用以判断宝石的内部结构是脆弱易碎还是坚韧牢固的性质。衡量宝石硬度的标准有很多种，而地质学家最常使用的是摩氏硬度，指常见的 10 种矿物相对刻画的能力，然后将这种能力排序，硬度最小的滑石能够被其他所有用于测试的矿物刻画，其摩氏硬度为 1；而硬度最大的金刚石能够刻画其他所有测试矿物，其摩氏硬度为 10。

18K 金镶托帕石钻石吊坠   海蓝宝石水清吊坠

解理

晶体宝石在外力作用下，会沿着一定的结晶学方向破裂，形成光滑平整的破裂面，这种宝石的固有性质便称之为解理。

人们在进行宝石加工时，经常受到宝石解理和断口的影响。因此，要加倍小心地处理一些具有一个或多个完全解理面的宝石，例如钻石、萤石、方解石和锂辉石。

多色性

多色性指某些宝石因欣赏的角度不同而呈现不同的颜色或色度的现象。它是光线在宝石晶体内部的立体原子结构的作用下发生变化形成的。能够显现出两种不同颜色或色度的宝石被称为二色性宝石，而具有三种不同颜色或色度的则被称为三色性宝石。

包裹体及光学现象

宝石的美丽和绚烂在很大程度上是因为其本身的光学效应，有一些宝石因为具有特殊光学效应而身价倍增，还有一些宝石因为内部含有包裹体而更显珍贵。

包裹体

包裹体是在宝石生长发育过程中内部生成的物质，宝石内部的包裹体要么让宝石更为奇特、稀有，要么就会成为影响宝石美感的瑕疵。包裹体可能是固体、液体，也可能是气体。有的宝石还可能有两种或两种以上的包裹体，例如哥伦比亚祖母绿就可能同时包含固体、液体和气体三种体相。

天然祖母绿、红宝石配钻石戒指

8.13克拉海蓝宝石吊坠

光的干涉现象

　　光的干涉现象在生活中很常见，比如洒在路上的油膜所闪现的五彩颜色，这种现象在宝石中也很常见，光含有和彩虹一样的颜色，当光线照到宝石的表层，经过表层的反射和折射后变得光彩夺目，我们把这种色彩称作虹彩。赤铁矿、彩虹石英等就有这种效果。

水晶蝴蝶胸针

星光效应

当弧面宝石内部不止一组定向排列包裹体对光线产生折射和反射时，就会产生星光效应。最常见的是三组定向排列结构，叫作六射星光宝石，除此之外还有四射星光、十二射星光乃至更多的星光。石英、刚玉和石榴石都具有这种特殊的星光效应。

3.7 克拉碧玺戒指

石榴石配白水晶手链

猫眼效应

把内部含有原生的纤维状、针状包裹体或空洞的宝石以一定的切磨方式切割，就有可能产生猫眼效应。猫眼效应指弧面水晶在光线照射下，水晶表面呈现的明亮光带，转动水晶时，光带移动，似猫眼细长的眸子。石英、金绿宝石、石榴石都是具有这种猫眼效应的宝石。

金绿宝石手镯

G宝石的开采
em ▶▶▶

宝石是一种贵重商品，如今在世界范围内都有开采。宝石原料的开采方法多种多样，既有原始的河底淘沙，也有高科技的工业化开采。不过宝石的价值往往引发某些人的贪婪，经常出现因宝石开采而导致的纠纷，所以一些正规的、信誉良好的宝石供应商会采取办法来保证宝石产业的安全。比如戴比尔斯公司就引入了激光标志的方法给钻石办了"身份证"，以此保证钻石贸易的正常发展。

传统方法

埋藏于河床、沙滩中的宝石一般比普通的砂石分量更重，更经久耐磨，因此通过简单的筛淘就能分离出宝石原料，然后可以手工将它们冲洗干净并进行分类。

露天开采

露天开采能持续较长时间，一般情况下是在地面的露天矿坑中进行的。首先要在地面上挖一个可以露出岩石的大坑，然后将地表的岩石爆破成碎块，最后经过处理和加工就可以得到想要的宝石。

地下开采

随着露天开采一天一天地进行，矿井也会越挖越深，最终就变成了地下开采。这时矿工和开采设备就会沿着岩矿的走向开凿竖井和隧道深入地下进行开采。

真空抽吸

真空抽吸是经过特别改装的船只利用真空抽吸装置收集起海底含有宝石原料的沙子，然后将宝石分离出来，再将没用的沙子排入大海的一种开采方法。

4.2 克拉椭圆形天然蓝宝石配钻石戒指

紫水晶镶嵌钻石戒指

宝石的用途

宝石的用途很广，一般按其大小、外观、产地等的不同而被用在不同的地方。一些尺寸、颜色、纯净度未达到宝石级别的原料会被用在手工业；而一些尺寸、颜色上佳的原料会被用于首饰、配饰等各个方面。顾客获取宝石的途径也是多种多样，其中钻石从矿山开采出来到被顾客最终购买所经历的环节被称为"钻石通道"。

钻石开采采用的是高科技的机械化方式，经过专家的精炼分拣可将所有钻胚分成多达16万个不同的种类。整理包装好的钻胚主要出售给全球一些大的钻石加工商。经过加工商的切割和抛光，钻石会被送入全球24个专门的钻石交易所进行买卖。一般特别巨大的钻石只在中东、英国和美国进行加工；普通尺寸的钻石主要在亚洲一些国家和欧洲加工；而小颗的钻石通常是在印度进行加工。

18K 黄金镶嵌粉色蓝宝石配钻石挂坠

G 宝石的加工与雕琢
em ▶▶▶

天然生成的宝石固然绚丽多彩，但是经过人类加工和雕琢的宝石更能完美地展现宝石的魅力。下面我们将详细介绍宝石的加工与雕琢。

宝石的加工

加工雕琢更能展现出宝石的光彩，我们看见一颗璀璨的宝石时，不仅会称赞其漂亮，还会感叹设计师的巧思和创意。优秀的宝石工匠会选择最合适的加工方式来展现宝石的完美，不管是颜色、纯净度、尺寸还是包裹体，在宝石工匠的手中都将展现得淋漓尽致。

18K 金镶嵌 0.44 克拉彩绿色祖母绿钻石戒指

4.5 克拉碧玺戒指

刻面宝石的各个部位

刻面宝石的各个部位都有专业的名称，这些刻面翻面的形状角度决定了宝石的亮度、颜色以及美感。

底尖：宝石最下端的尖形部位。

腰部：宝石冠部与亭部结合处的外部边缘部分。

冠部：宝石腰部以上的顶端部分。

亭部：宝石腰部至底尖的下端部分。

台面：宝石顶部最大的平面或刻面。

圆形刻面宝石的琢型

圆形刻面宝石的琢型是刻面宝石琢型的一类，其中具有代表性的是钻石的琢型切割形式，它同样适用于有色宝石的加工。

宝石的重量与计量

因为宝石是通过标准化的机器切割，所以规格是统一的。下列表格显示了不同尺寸的圆形宝石所对应的重量标准。

圆形天然宝石的克拉重量							
宝石（mm）	2	3	4	5	6	7	8	10
石英	0.04	0.1	0.2	0.4	0.7	1.3	1.8	3.3
祖母绿	0.04	0.12	0.27	0.48	0.8	1.7	2.5	6.1
红／蓝宝石	0.05	0.15	0.34	0.65	1.05	1.6	2.25	4.5
石榴石	0.05	0.13	0.3	0.6	1	1.6	2.5	5.75
蓝色托帕石	0.04	0.11	0.3	0.56	1	1.55	2.5	5.75
钻石	0.03	0.1	0.25	0.5	0.75	1.25	2	3.5

梨形凹工紫晶

祖母绿钻戒
k金镶嵌1粒椭圆形祖母绿戒指，祖母绿重
量为4.4克拉，配镶2粒梯形钻石，钻石总
重量为1.04克拉。戒指圈口为16.5毫米。

明亮式琢型

　　明亮式琢型在最大程度上利用了宝石的色散性，将光线折射到宝石的中心再反射出去形成"火彩"。明亮式琢型有经过精确计算的完美比例，已经成为一种理想的宝石切割形式。明亮式琢型的比例和角度经过改良后同样适用于各种宝石的加工，例如椭圆形、鞍垫形、橄榄形等宝石。

梨形琢型

　　梨形琢型实际上是一个双面玫瑰式琢型，圆形的亭部表面覆盖着三角形或矩形刻面，冠部为拉长了的锥形。

方形刻面宝石的琢型

　　方形刻面宝石的琢型是刻面宝石琢型的一种，适用于具有直边腰棱的各种宝石，包括三角形、方形、矩形、梯形、六边形、八边形、桶形等宝石。

阶梯式琢型

　　阶梯式琢型，最初只被用于钻石的加工，它通常将钻石加工成以台面为中心、具有一系列规则分布的同中心矩形刻面的形式，其刻面排列形如阶梯。矩形阶梯式琢型宝石的底面一般呈山脊状，而不是通常的尖头形状。如今阶梯式琢型主要被用在有色宝石上，因为它能将有色宝石的丰富多彩完美地呈现在人们的面前。由于长方形阶梯式琢型常常被用于祖母绿宝石的切割，因此也被称为祖母绿式琢型。

5.77 克拉碧玺戒指

方形红宝石镶嵌钻石戒指

18K 玫瑰金天然鸽血吊坠

法式琢型

法式琢型是阶梯式琢型的一种变形，用于切割形状为矩形、方形或三角形且尺寸小于 1/4 英寸（6.35 毫米）的小颗粒宝石。这种琢型的使用最常见的是在红宝石、蓝宝石和祖母绿上，被用于加工制作手镯和项链。

花式琢型

花式琢型本是用于保持不规则宝石晶体或大颗粒宝石切割所余原料重量的琢型，但现在已经成为大家喜爱的款式。因为它不仅能产生诸如棱柱式琢型、镜式琢型等造成的多种不同的光学效果，还可以在其他现有琢型的基础上进行变化。不过有时候花式琢型也用于掩盖宝石本身的缺陷，所以需要仔细检验。

弧面宝石

　　弧面宝石可供选择的范围要比刻面宝石广泛得多，它虽然不是当前主流的宝石形式，却赋予首饰设计以更多的变化和更大的灵活性。

　　不同的国家对于弧面宝石的看法和态度是有差别的。例如美国人就比较青睐于刻面宝石，很少关注弧面宝石；德国人却喜欢弧面宝石的色彩、质感和光泽。当下很多珠宝设计师也将注意力倾向弧面宝石，大概是因其丰富多样的变化吧。

盛世牡丹彩金钻石戒指

祖母绿吊坠
18K 铂金镶嵌 9.03 克拉水滴形哥伦比亚祖母绿吊坠，配以 3.77 克拉三颗圆形白钻，清净剔透，华美动人。

3.22 克拉碧玺吊坠

弧面琢型的种类

　　弧面琢型根据腰形和截面形状的不同，其形态也是变化万千，有橄榄形、梨形、长方形等。弧面宝石的外形轮廓变化较多，从平板形到高凸子弹形都有，不过其底部一般为平面，但也有顶部和底部均为弧面的双凸面琢型，它能够提高彩色透明宝石在光线下的色彩浓度。平底形弧面较为流行和常见，其圆凸面朴素而光滑，或弧面的隆起线相交于对角线而形成交叉拱形。

弧面宝石的加工方法与常见问题

　　大部分的宝石都能加工成弧面，不过好的宝石原料仍然以刻面切割为主。

　　星光宝石和猫眼宝石以及大多数具有特殊光学效应的宝石一直采用的都是弧面切割。相比于高凸面的琢型，低面包型的琢型能更好地显露出宝石的虹彩和光泽。这类宝石在加工时需要正确定位，因为切割本身优劣会直接影响光学效应的好坏。

弧面宝石最常见的问题包括宝石抛光修饰工艺拙劣、颜色混浊暗淡、表面有裂隙和磨损、缺少对称性、瑕疵过于贴近宝石表面。此外，还必须保证弧面宝石底部的斜面正好适合镶嵌，如果斜面坡度太大，宝石在镶嵌时可能发生腰棱缺口，同时也难以固牢。而在镶嵌子弹形细长的弧面宝石时千万不能用力过大，以免将其折断。对于空心的红榴石必须仔细检查宝石是否存在裂隙、瑕疵。在加工时配以金属衬箔作为反光镜，能大大提高宝石的亮度。

梨形祖母绿项链
K 铂金、黄金、黑金镶嵌 43.4 克拉梨形天然祖母绿，正中梨形主石 9.02 克拉，颜色浓绿通透，两旁 16 颗共 34.38 克拉，每颗约 2.15 克拉，配以 532 颗优质蓝宝石及 600 颗白钻，手工极为精细。翔龙在天，古典尊贵。

5.17 克拉碧玺吊坠

宝石原石的评级

宝石原料的品质一般划分为以下几个等级：

五星级：颜色和净度罕见；

四星级：无瑕疵；

三星级：肉眼观察无瑕疵；

二星级：内含包裹体。

宝石的雕刻

宝石的雕刻在中国的历史可以追溯到 3000 年前，当时出现的玉雕就是典型的宝石雕刻。如今的宝石雕刻，主要集中在印度、中国、意大利、德国以及泰国，技法娴熟，应用广泛。

蓝宝石吊坠

繁花烂漫指环
8K 玫瑰金镶嵌 4.09 克拉梨形粉红色天
然尖晶石，配以彩色宝石、钻石。随
性自然，繁花烂漫。

传统的宝石雕刻技法主要有浮雕和凹雕，也有其他的装饰性雕刻技法。由于劳动成本低廉，远东地区的雕刻产品价格比较便宜，而且大多为传统图案。而德国的宝石工匠采用的都是高档原料，且具有悠久的雕刻传统，因此他们的产品制作精美，价格昂贵。当下，还有一小部分的宝石工匠在做不规则宝石的雕刻。

大规模的宝石雕刻成本比较高，因为需要有专业的设备，例如滚筒打磨机、金刚石磨床、水平磨盘、抛光机等。小规模的宝石雕刻成本较低，因为只需要一些诸如手工操作的黏杆、电动磨盘以及金刚石抛光粉和皮革、毛毡制作的抛光盘、镶有碳化硅或金刚石颗粒的钻头等小型工具。

安全防范措施

在进行宝石雕刻的时候要特别注意安全，加工人员要摘下所有的首饰，将头发捆扎在脑后，还要戴上护目镜和防尘面具。因为有些宝石的粉末对人的健康是有危害的，例如珠母、绿柱石、石英和孔雀石等。

静夜秘境天然黑色尖晶石配彩色钻石项链

紫锂辉石吊坠

雕刻材料的选择

宝石雕刻工作必须要考虑宝石晶体的多向色性，否则就会影响切割和雕刻的定位，还需要对雕刻材料内部包裹体的数量、类型、位置和宝石的颜色分布情况加以了解。此外，如果宝石之前进行过染色、稳定或填充处理，在雕刻的过程中就有可能发生褪色或碎裂。宝石的硬度和解理会影响其打磨抛光的效果，例如在宝石的解理面上进行抛光，难度非常大，因为在操作过程中会有部分晶体剥落。如果用于雕刻的是结晶体材料，则会比较坚硬，内部能够受力，并且易于打磨抛光，例如绿柱石。宝石晶体的断口、多孔以及它承受热与化学物质的能力也会影响宝石的雕刻。

因此，理想的宝石雕刻材料必须具有紧密交织在一起的颗粒状结构，例如玛瑙、玉髓。

宝石生辰石

※ 一月生辰石：石榴石，象征着忠诚、友爱和贞洁。

※ 二月生辰石：紫晶，象征着心地善良、心平气和、纯洁与真诚。

※ 三月生辰石：海蓝宝石，象征着勇气、勇敢和沉着。

※ 四月生辰石：钻石，象征着天真和纯洁无瑕。

※ 五月生辰石：祖母绿，象征着幸福和幸运。

※ 六月生辰石：珍珠、月光石、变石，象征着富裕、健康和长寿。

※ 七月生辰石：红宝石，象征着爱情、热情和品德高尚。

※ 八月生辰石：橄榄石、玛瑙，象征着夫妻幸福和谐。

※ 九月生辰石：蓝宝石，象征着慈爱、诚谨和德高望重。

※ 十月生辰石：猫眼、欧泊石，象征着美好的希望和幸福。

※ 十一月生辰石：托帕石、黄水晶、琥珀，象征着长久的友谊和永恒的爱情。

※ 十二月生辰石：绿松石、青金石、锆石，象征着成功和必胜。

结婚纪念赠石

　　戒指是一种重要的民俗文化载体，在西方的传统婚礼上，新人交换戒指是最浪漫的时刻。此外，西方结婚纪念日也是重要的日子，戒指配上具有象征意义的宝石，寄托一份希望和期盼，传达一种文化意识。

1 周年——淡水珍珠、金饰；　　20 周年——祖母绿；

2 周年——石榴石；　　　　　　21 周年——堇青石；

3 周年——珍珠；　　　　　　　22 周年——尖晶石；

4 周年——粉水晶、黄玉；　　　23 周年——帝王黄玉；

5 周年——蓝宝石；　　　　　　24 周年——黝帘石；

6 周年——紫水晶；　　　　　　25 周年——纯银；

7 周年——黑玛瑙；　　　　　　30 周年——玉；

8 周年——东陵玉、碧玺；　　　35 周年——珊瑚；

9 周年——青金石；　　　　　　39 周年——猫眼；

10 周年——钻石珠宝；　　　　　40 周年——红宝石；

11 周年——土耳其石、黑曜石；　45 周年——蓝宝石；

12 周年——翡翠；　　　　　　　50 周年——黄金；

13 周年——黄水晶；　　　　　　52 周年——星光红宝石；

14 周年——蛋白石；　　　　　　55 周年——金绿宝石；

15 周年——红宝石；　　　　　　60 周年——钻石；

16 周年——橄榄石；　　　　　　65 周年——星彩蓝宝石；

17 周年——紫水晶；　　　　　　70 周年——蓝宝石；

18 周年——猫眼、绿柱石；　　　75 周年——钻石。

19 周年——石榴石；

G宝石鉴定工具
em ▶▶▶

鉴定宝石其实并不是一件很困难的事情，了解了宝石的特殊属性后，通过一些小的工具比如手电筒、手持放大镜、手持荧光灯等就可以在日常条件下完成鉴定工作。

手电筒

光源不同所观察到的效果是不同的。目前，在珠宝鉴定中最常用的是暖色光范畴内的黄光光源，但这样的光源不适用于红宝石的颜色评估和钻石的颜色分级等；而最新的白光手电筒因为光源色调偏蓝，不适用于观察颜色鲜艳的暖色调宝石，反而用于观察玉石，其强光可轻易透过质地较好的翡翠等玉石。

高冰翡翠手镯

钻石古董戒指、钻石配天然蓝宝石古董吊坠套装

放大镜

手持放大镜是最常用、最简单的宝石鉴定工具，主要用于观察宝石的表面及内部特征，如用"10×"放大镜观察钻石，可以观察到钻石棱线的尖锐程度、表面平滑程度、原始晶面、羽状纹和其他内含物等。常见的手持放大镜有双凸面镜、双组合镜、三组合镜，效果最好的还是三组合镜。最常见的手持放大镜放大倍数是"10×"，还有"25×""30×""50×"等。

手持荧光灯

手持荧光灯携带方便，能快速辅助鉴定。常见的手持荧光灯配有荧光和白光两种不同的光源，用荧光照射宝石，特别是经过处理的宝石，能够发出荧光，如注胶翡翠能产生由弱至强的蓝白至黄绿色荧光，且注胶越多，荧光越强。用普通的白光照射宝石则能更清楚地看到宝石内部的特征。

天然翡翠配钻石耳环

葡萄吊坠

手持分光镜

　　手持分光镜分棱镜式和光栅式两种。棱镜式分光镜的各色光谱是不均匀分布的，而光栅式分光镜正好相反。用分光镜观察宝石可以根据其变暗和变黑部分的波长推断该宝石的致色元素及宝石的种类。使用分光镜时应一手持光源，一手持分光镜观察主要色素离子的光谱特征，如铬、铁、钴、钕、镨和铀。

二色镜

　　鉴定有色宝石多色性的工具一般采用二色镜。使用二色镜时应一手用镊子夹住宝石放在灯光下，一手持二色镜放在眼前并不断转动，以此来观察二色镜两窗口内的颜色变化。当非均质体宝石的光轴平行于二色镜的长轴时看不到多色性。

手持分光镜

G宝石的优化处理
em ▶▶▶

按常理，大多数宝石都要进行一系列的优化处理才能在市场上流通。常用的方法包括热处理、辐照、充填、染色、漂白、涂层和扩散激光。

表面优化处理

蜡和涂色都是对宝石的表面处理，这种处理时间持续较短，可以擦掉。除此以外，还可以在宝石表面覆膜、贴箔，以此来优化宝石的外观。

染色、涂色或漂白的颜色是无法进入宝石内部的，可能会沉积在裂隙或瑕疵的周围，也可能会扩散到整体，从而改变宝石的外观。

无色或有色的树脂、油、蜡、塑料、玻璃经常被用来灌注填充宝石，掩盖宝石的裂隙和缺陷。例如，绿松石常进行注蜡处理，祖母绿常进行注油处理。

热处理

热处理在宝石和珠宝贸易中使用广泛，用于改变宝石的颜色以及改善宝石的净度。热处理的结果一般是永久的。

钻石戒指
总重量 14.6 克。托帕石 10.03 克拉，钻石 0.19 克拉，18K 金，PT900 铂金。

辐照

辐照处理是用伽马射线或者电子方法改变宝石的颜色。托帕石可以通过热处理和辐照处理变成浅蓝色宝石。钻石可以通过辐照处理去除黄色，来提高钻石的色级。

宝石优化处理的声明

FTC 即联邦贸易委员会为了让消费者了解宝石的优化处理专门要求商家发出声明，内容包括以下几种情况：

1. 如果处理后的宝石因为时间的长久而褪色，商家有义务告诉消费者。

2. 如果处理后的宝石不能使用溶剂或超声波清洗，商家有义务告诉消费者尽量避免。

3. 如果处理后的钻石因为激光打孔而改变了钻石的净度，并导致价格的下降，商家有义务告诉消费者。

5.72 克拉碧玺吊坠

激光处理

激光打孔用于去除钻石中的深色包裹体，从而提高钻石的净度。

宝石首饰的保养

宝石首饰的清洗及保养方式与钻石大致相同。存放时应以珠宝盒或透明胶袋独立存放妥当，并且避免饰物互相碰撞。若要清洗宝石首饰，可以把宝石首饰放在稀释的皂液中，用软毛刷轻擦宝石以及托位，然后用清水冲洗，再用软布吸干水分。此外还需特别注意的是，尽量不要把祖母绿放进超声波机中清洗，切忌用强烈肥皂液或热水清洗，以防祖母绿失去光泽或者因为震动造成宝石破碎。此外，因为祖母绿非常脆弱，所以佩戴时要格外小心，避免被硬物撞击。

第二章

经久不变的钻石

钻石是天然矿物金刚石的宝石名称，又称金刚钻，是宝石家族中的无冕之王。钻石见证了人类至今无法直接监测的地球深部的运动，素有"钻石恒久远，一颗永流传"的美赞。

Gem

西瓜碧玺戒指

<big>G</big>em ▶▶▶ 钻石的形成

　　钻石到底是如何形成的？答案各种各样。中国佛经中记载"华言金刚，此宝出于金中"，认为钻石是从黄金中提炼出来的；古希腊人认为钻石是由水、土、火、气四种"元素"构成的；柏拉图认为钻石是有生命的，是黄金的后代；塞万提斯则认为钻石有性别之分。

　　现代科技证实，钻石主要形成于 33 亿年前以及 17 亿年前至 12 亿年前之间这两个时期，位于一个几千万年前形成的古老火山口中。全世界所有钻石只产于两种母岩：金伯利岩和钾镁煌斑岩。金伯利岩是一种形成于地球深部、含有大量碳酸气体等挥发性成分的偏碱性超基性火山岩，目前全世界已勘测到的金伯利岩管有 5000 多个，其中 100 多个岩管有发现钻石；另一种含有钻石的原岩称钾镁煌斑岩，是一种过碱性镁质火山岩。

　　钻石的出成率极低，在 4 吨蓝土中才有 1 克拉钻石。开采出的钻石达到宝石级的不及钻石原石的 1/7，大多质量低的钻石原料只能沦为工业磨料。

G em ▶▶▶ 钻石的基本性质

　　钻石是由碳元素组成的八面体、菱形十三面体或立方体的晶体。其内部为等轴晶系，因此形成了特殊的性质。其稳定性高，密度为 3.52 克 / 立方厘米，折光率高达 24，摩氏硬度为 10，是世界上最硬的物质。由于钻石硬度极高，其光泽自然也达到了宝石中最高的一级——金刚光泽，但是性脆，易碎。钻石有解理面，当遇到外力时易产生裂缝。钻石的"色散性"极强，可以反射出异彩纷呈的火彩。在空气中加温到 800℃以上，钻石会燃起浅蓝色的火焰。

　　钻石具有疏水性、亲油性，因此水在金刚石的表面会呈水滴状，还容易被油脂污染。

　　钻石怕热的氧化剂，把硝酸加热至 500℃以上就可以溶蚀钻石。

蓝宝石镶嵌钻石戒指

皇后钻戒

G钻石的产地
em ▶▶▶

　　钻石最早发现于印度和巴西，现今世界上有近 30 个国家发现了钻石矿床。主要产地有南非、澳大利亚、俄罗斯、印度、巴西、加拿大等，以非洲最为集中，俄罗斯已经成为世界上最大的钻石生产国，博茨瓦纳位居第二。

南非

　　非洲南部是世界主要钻石产区，南非发现钻石较晚。自 1866 年一个小女孩在奥伦河的河滩上拾到一颗钻石后，人们就一直寻找，直到 1999 年，博茨瓦纳成为全球钻石产地的龙头。

澳大利亚钻石戒指

南非钻石婚戒

南非钻石颗粒巨大，有世界上首次发现的原生钻石矿床普列米尔，产出了多粒世界名钻，如世界最大的宝石金刚石"库利南"、第三位的"库利南另一半"、第四位的"高贵无比"、第七位的"琼克尔"和第八位的"欢乐"。

澳大利亚

20世纪40年代，在澳大利亚北部高原的南部，发现了60多个可能含钻石的岩管，1979年在钾镁煌斑岩中首次发现钻石，随后在西澳北部发现了150多个钾镁煌斑岩体，澳大利亚的金刚石年产量已超过扎伊尔，成为当代最主要的钻石产地之一。在澳大利亚产的钻石中含有一定数量色泽鲜艳的玫瑰色钻石、粉红色钻石及少量蓝色钻石。它们的平均售价高达3000美元/克拉。

西瓜碧玺配钻石吊坠

天然"俄罗斯"亚历山大变色石配钻石戒指

俄罗斯

俄罗斯钻石主要分布于西伯利亚雅库特地区的金伯利岩中。俄罗斯第一颗钻石是1829年在乌拉尔地区发现的，1954年才找到第一个含钻石的岩管，取名为"闪光"。俄罗斯钻石的品质很好，如闻名世界的岩管"和平""成功""艾哈尔"，所产钻石粒度虽小但质优透明。

印度

印度是世界上最早发现钻石的国家。大约在2000年前，印度开始大规模地开采钻石，且出产了古老而著名的大钻"莫卧儿大帝""沙赫""光明之山""光明之海""摄政王"与"荷兰女皇""纳萨克""印度之梨""奥尔洛夫"等，但目前产量很有限。当世界上其他钻石产地相继被开发时，印度的钻石就越来越不被人知了。

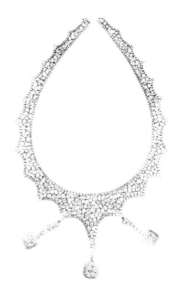

4.01 克拉梨形淡彩粉色无瑕钻石戒指　　　　　　　　66.67 克拉彩黄色钻石项链

中国

在古代，中国还没有发现钻石，宫廷内用的钻石都是外来品。直到清道光年间，湖南西部农民在沅水流域淘金时发现中国首颗钻石；1950 年首次在湖南沅江流域发现钻石砂矿；1953 年后，我国开始在辽宁、山东、湖南等省勘查；20 世纪 60 年代在山东蒙阴发现品质很高的原生钻石矿；20 世纪 70 年代末，在辽宁南部发现中国乃至亚洲最大的原生钻石矿山。

早在 1937 年，中国就在山东省临沂市郯城县李庄乡发现了特大的金鸡钻石，重 281.25 克拉，绿、黄双色，后被日本驻临沂市的顾问掠去，至今下落不明。1977 年，我国又在山东常林发现常林钻，这是我国发现的最大一颗天然钻石，晶体洁净透明，淡黄色，长 3.63 厘米，宽 2.96 厘米，高 1.73 厘米，重 158.79 克拉，晶体呈八面体和菱形十二面体的聚形。在我国除了主要产区——辽宁、山东、湖南三省外，还在其他很多地区发现过钻石，比如河北、湖北、贵州、江苏、广西、安徽、新疆、内蒙古、西藏等。

G em ▶▶▶ 钻石的种类

现代科学研究根据钻石的含氮量不同，将其分为四类：Ia型、Ib型、Ⅱa型、Ⅱb型。极其罕见的天然蓝色钻石就属于Ⅱb型。下面将详细说明不同类型钻石的特点。

Ia 型钻石

Ia型钻石占天然钻石产量的98％以上，没有蓝色。含氮量较高，在晶体中呈小片状，不导电，用紫外线照射常有蓝色荧光。

Ib 型钻石

Ib型钻石在天然的钻石中很少，多为黄色。含氮量较少，不导电，和Ia型钻石一样，用紫外线照射，常有蓝色荧光。

Ⅱa 型钻石

Ⅱa型钻石是很纯净的钻石，不含氮元素和其他杂质。无色透明，导热性好，产量略高于Ⅱb型。

Ⅱb 型钻石

Ⅱb型钻石是半导体，具有导电性，含有杂质硼。主要产于南非，目前也有人工合成品。多数为蓝色，在短紫外光的照射下显示磷光。

G em ▶▶▶ 钻石的鉴别

纯净的钻石无色透明，部分因为含有微量元素而显现出褐色、烟灰色等，少数为玫瑰色、乳白色、红色、浅绿色、紫色和黑色，其中绿色、蓝色、黑色、紫色的天然钻石非常罕见。由于钻石色泽亮丽，一直很受人们喜爱，但是因为产量少，所以在市面上就出现了仿钻、处理钻、合成钻等伪劣产品。

8.48克拉淡彩黄色钻石

仿钻鉴别

　　仿钻也就是钻石的仿制品，一般分为天然仿制品和人工仿制品，两者在颜色、外观等方面虽然很像，但如果借助工具通过对钻石的高硬度、强光泽、高折射率、高色散等基本性质加以区分，还是很容易辨别的。

常见的仿钻

　　在市面上最常见的仿钻主要有人造宝石、天然宝石和玻璃假钻。

　　人造宝石有合成蓝宝石、合成金红石、合成尖晶石、立方氧化锆、钛酸锶、钇镓榴石、钇铝榴石等，这些宝石的密度都比钻石的大，因此也要重一些。

　　天然宝石中被当作钻石的有锆石、无色蓝宝石、水晶、托帕石、碳硅石等，它们都是非均质体，而钻石是均质体，所以用偏光镜可以很容易辨别。

　　玻璃假钻是用玻璃磨成的，因为玻璃的硬度低、折射率低，所以玻璃假钻不但没有真钻石的闪烁光彩，而且在其磨损的边缘还能看见痕迹或崩碴。

金色镶仿钻胸针

心形设计钻链

钻石与钇铝榴石的鉴别

钇铝榴石商品名称为"YAG"，密度为 4.57 克 / 立方厘米。用密度 4 克 / 立方厘米左右的重液，可以方便而准确地区分两者，钇铝榴石在重液中会下沉，而钻石会上浮。此外，钇铝榴石的折光率为 1.834，琢磨后虽不如钻石那样光彩夺目，但也相当美观。钇铝榴石与钻石也可根据硬度区别，它不能在人造蓝宝石的抛光片上刻画出伤痕。

钻石戒指

无色蓝宝石雕件

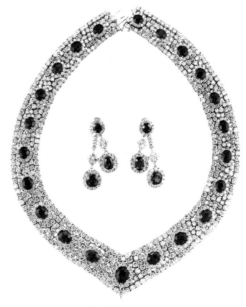

67.23 克拉天然缅甸
蓝宝石配钻石项链、
耳环套装

钻石与碳硅石的鉴别

近几年出来的碳硅石容易迷惑人，无论光泽、硬度还是热导性都与钻石十分相像。碳硅石是非均质体，在放大镜下常见细长白色针状内含物。从碳硅石的亭部观察有较明显的灰色调；从桌面斜看腰缘反光，亦有重影；从上主小面、上腰小面可见尖底附近的棱线均有重影。而钻石含有云状物、裂隙、天然晶态状等内含物，且无重影现象，腰部常见原始晶面。

钻石与无色透明的蓝宝石的鉴别

无色透明的蓝宝石的折光率为 1.76，要比钻石低得多，当琢磨成棱面石后，远不如钻石那样光彩夺目。鉴别钻石和无色透明的蓝宝石可用"油浸法"，将要检测的物品浸入油液二碘甲烷中测试，若看不清楚物品的轮廓则为无色透明的蓝宝石，若在液体中可以很清楚地看见物品轮廓的就是钻石。

无色透明的蓝宝石硬度高达 9，与用作硬度标准的人造蓝宝石的抛光片相等。因此测试硬度只能用硬度 9.5 的碳化硅抛光片，无色透明的蓝宝石不能在碳化硅的抛光面上划出伤痕，也可以此与真钻石区别。另外还可以用折光仪来辨别，在折光仪上很容易就读出数的为无色透明的蓝宝石，而无法测定的则为钻石。

钻石与黄玉、尖晶石、水晶和玻璃的鉴别

黄玉、尖晶石、水晶和玻璃的折光率都低于 1.8，色散性小，所以缺少钻石那种闪烁的彩色光芒。此外，还可用刻画硬度或在折光仪上测定折光率的方法来区分。

另外还有一种简便的鉴别方法：将宝石放在报纸上，刻面的台面朝下，如果是折光率高于 2 的宝石，则看不见报纸上的字迹；如果是折光率低于 1.8 的宝石，可以透过它读出报纸上的字迹。

2.11 克拉天然彩色钻石戒指

海蓝宝石水滴吊坠

处理钻鉴别

钻石的处理包括净度处理和颜色处理。净度处理包括钻石的激光钻孔处理、钻石的裂隙充填。颜色处理包括辐照与热处理、高温高压处理、表面处理。

鉴别处理钻需要有仪器的配合，相对难度要高一些。

激光钻孔处理钻石

钻石的激光穿孔技术是为了去除钻石内部的杂质，尤其是深色内含物。面对经这种技术处理过的钻石，传统的鉴别方法是观察裸钻表面是否有钻孔，但随着科技的发展，小孔的直径很小，几乎不能用肉眼看见，必须由专业机构把关。

蓝宝石钻石项链

充填处理钻石

充填处理钻石中填充物的颜色和钻石的体色往往不同，有时带黄色调，处理过程中充填玻璃的部位有时会封入一些扁平气泡。充填处理钻石可借助 10 倍放大镜鉴别，工作相对容易一些。

辐照与热处理钻石

对辐照与热处理以及高温高压处理的钻石很难用常规的方法检测，最好通过专业机构鉴定。

表面处理钻石

表面处理一般是为了改善钻石的外观和颜色。一种是将小片有色金箔置于底部密封镶嵌的宝石下面，由于箔片与钻石亭部刻面不能紧密相贴，鉴别时透过台面可观察到起皱现象；另一种是把致色物质涂于钻石腰棱或亭部刻面上，这样可通过放大检查或用针刻画涂层的方法鉴别。

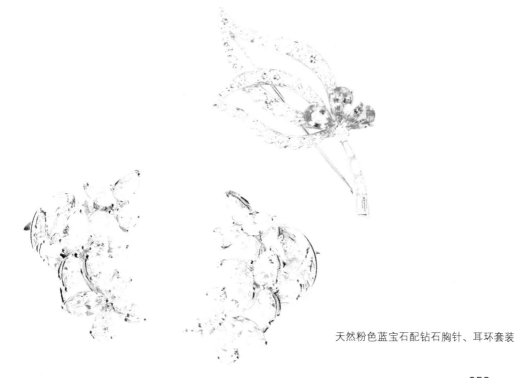

天然粉色蓝宝石配钻石胸针、耳环套装

G钻石的加工
em ▶▶▶

　　钻石璀璨夺目、让人喜爱，为了更完美地表现其特殊的性质，很多宝石工匠和设计师都想尽办法来彰显其魅力。一般采用的加工办法是切割和琢型，切割能够让钻石的火彩发挥得更加完美，而琢型能够让钻石更富有魅力和传奇色彩。

4.35克拉圆形钻石配黄钻项链

钻石的切割

　　钻石的切磨被宝石学家看成钻石加工最重要的环节，一块钻石原石只有经过精心设计，耐心劈锯，细心抛磨，才能成为一件光彩夺目的优质品。切工优良的钻石，能够反射出耀眼夺目的光芒；切工差的钻石，边缘显得不锐利，光芒顿减。切工的好坏直接关系钻石光彩的闪烁程度和价值，因此"价值第一"成为切工的第一原则。目前，钻石主要有9种切割形状，即标准圆明亮形、椭圆形、祖母绿形、心形、公主方形、三角形、梨形、辐射形、马眼形。

3.01 克拉椭圆形钻石戒指

2.013 克拉梨形钻石吊坠

钻石琢型

　　钻石具有高折射率和高色散性，从古至今，钻石切磨大师就一直探索追求钻石的理想琢型，希望能最大限度地体现钻石的美丽。目前最经典的琢型是圆多面琢型与八箭八心型。

圆多面琢型

　　目前钻石切磨中使用最广泛、效果最理想的一种琢型就是圆多面琢型即圆明亮琢型。圆明亮琢型切磨必须严格按照比例，它由上、中、下三个部分组成，上有33个刻面的冠部，下有24个刻面的亭部，中间腰部没有刻面，不过有抛光与不抛光之分。

　　在采用圆明亮琢型时不仅要尽量保持钻石重量，还要确保加工出来的钻石明亮、出火彩。

1.51 克拉梨形彩黄色钻石吊坠

八箭八心型钻石项链

八箭八心型

八箭八心型是现今国际流行的一种新切工技术，其切割的主要特点是台面减小至 53％~58％。它采用了世界顶级的丘比特式切割，从钻石正上方俯视，可以看到大小一致、光芒璀璨且对称的八支箭；从钻石的正下方角度看，呈现出完美对称、饱满的八颗心。拥有三项完美指标，即完美的角度比例、极致的对称性、完美的镜面反射。

G钻石的评价标准
em ▶▶▶

钻石是极珍贵的宝石，其质量的好坏对价值有重大影响。因此，最新颁布的国家标准 GB/T16554—2003《钻石分级》中规定，4C 标准是判定钻石价值的依据。所谓 "4C"，即英文术语 Carat（重量）、Clarity（净度）、Color（颜色）和 Cut（切工）。因为这四条标准的英文术语中第一个字母均为 "C"，所以简称为 "4C" 标准。

重量

国际贸易中以克拉作为衡量钻石质量（重量）的单位，英文缩写符号为 "ct"。克拉数越大的钻石越罕有，价值也越高。1 克拉 =200 毫克 =0.2克，将 1 克拉等分为 100 份，每份称为 1 分，如 0.8 克拉又称 80 分。统计表明，全世界每 100 年才发现一颗重量超过 100 克拉的钻石，人类在开采钻石的 4000 多年历史中，仅发现了一颗重量超过 1000 克拉的钻石。

钻石与其他宝石不同，每当克

18K 金 2.1 克拉钻石戒指

拉数为整数时，其价值也会有质的飞跃，所以很多时候 20 分与 19 分、30 分与 29 分、0.95 克拉与 1 克拉是有明显的价格差异的。

而圆明亮琢型切工的钻石要体现出明显的火彩，则至少要达到 0.7 克拉才可以。只有达到 0.3 克拉以上的钻石才能表现出较强亮光，所以，选择婚戒时要选择单颗较大的钻石，如 0.3~1 克拉。

净度

净度是度量钻石内含物及瑕疵多寡的分级标准，每颗钻石都有自己天然形成的内含物，这些内含物的数量、大小、形状、颜色决定了一颗钻石的净度及独特性。净度是依据钻石内部和外表瑕疵、杂质大小和多寡程度等情况来划分的。10 倍放大镜下，国际钻石净度分为 FL、IF、VVS、VS、SI、I，6 个大级别，又细分为 FL、IF、VVS1、VVS2、VS1、VS2、SI1、SI2、I1、I2、I3，11 个小级别。

FL 为无瑕级，在 10 倍放大镜下观察，钻石没有任何内含物或表面瑕疵。

坦桑石戒指

IF 为内无瑕级，在 10 倍放大镜下观察，钻石内部没有任何内含物。

VVS 为极轻微内含级，在 10 倍放大镜下观察，钻石内部有极微小的内含物。

VS 为轻微内含级，在 10 倍放大镜下观察，钻石内部有微小的内含物。

SI 为微内含级，在 10 倍放大镜下观察，钻石内有可见的内含物。

I 为内含级，钻石的瑕疵在 10 倍放大镜下明显可见，并且可能会影响钻石的透明度和亮泽度。

国际上对钻石净度有统一的符号，一般都标在鉴定证书钻石形态图的相应位置上。

钻石项链

18K 铂金镶嵌 1.07 克拉心形，1.05 克拉、1.03 克拉梨形彩黄色钻石，均为 VS1 净度，配以白钻，三颗连缀，灵动颈间。项链长约为 43 厘米，链坠长约为 4 厘米。

绿宝石镶嵌钻石戒指

颜色

国际珠宝界对钻石颜色的分级十分严格，颜色一直是影响钻石名贵程度和价值高低的重要因素。国际上将钻石颜色划分为 5 个级别，用英文字母 D 到 Z 来表示，色度在 D~F 之间为无色系列；色度在 G~J 之间为近无色系列；色度在 K~M 之间为微黄色系列，钻石颜色明显加深；色度在 N~R 之间为极淡黄系列，钻石开始微微呈现淡黄色彩；色度在 S~Z 之间即为淡黄系列。其中 D 级作为钻石的最高色级，代表完全无色。从 D 到 Z，随着颜色的加深，钻石等级逐渐下降，品质和价格也显现出巨大的差别。

不同的国家和地区，采用不同的划分"钻石色级"的符号和标准来精细地描述钻石的颜色。例如，中国采用数字表示：85 色为一界限，低于它的钻石，其色级不够宝石级。而数字越大，其黄色越浅淡，至 92 色以上其蓝色逐级递增、黄色递减，以 100 色为最佳。

切工

　　切工是钻石美丽生命的第二次诞生。钻石的切工，指钻石的切割比例与修饰度，这是 4C 标准中直接受人为因素影响的指标。只有琢磨成标准圆钻的钻石，才能使入射光全部经冠部正面反射出，从而最大限度地表现出钻石特有的光亮与火彩。评定钻石切工好坏的标准取决于两个方面：一是比率，二是对称。

　　确定一颗钻石切割比例适当，有台宽比、冠高比、腰厚比、亭深比、全深比、底尖比与修饰度 7 个标准。优秀的切工要求其对应比率分别为：53％~66％，11％~16％，2％~4.5％，41.5％~45％，<2％，56％~63.5％。要确定一颗钻石的对称性合适，就要保证各组刻面的角度、大小、长短都一致，分布对应和比例都准确，钻石腰部厚薄适中。

2.8 克拉钻石对戒

20.28 克拉黄色、白色
钻石项链

钻石切割方式多种多样，如古老的玫瑰花形、八面体琢型等，很难判定哪一种最完美。20 世纪初，比利时切割师马歇尔·托科夫斯基计算出了"理想式切工"，确立 57 个面为钻石切工的标准。如今钻石刻面最多的已达 244 个，但如此多的刻面并非为增强反射，而是钻石形状比较特殊或过大，需要较多刻面才能保住体积。

1.5 克拉天然祖母绿配钻石胸针

G 钻饰的选购与养护
em ▶▶▶

钻饰的选购

　　珠宝行业有句老话叫作"夜间不买钻"。因为钻石在普通白炽灯下都是无色透明的，品质高下很难分辨。购买钻石的最佳时间是在晴天上午10点到下午2点之间。

　　选择钻饰不仅要重视款式和做工，还要重视钻石本身的品质。钻石鉴定书能证明钻石质量的鉴定结果，所以一定要仔细阅读。凡未注明4C指标，或指标不清的证书，

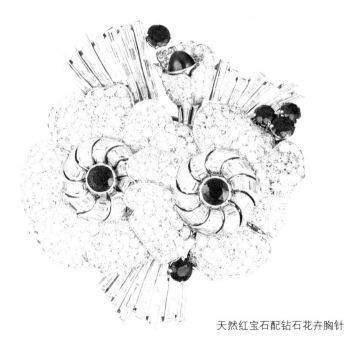

天然红宝石配钻石花卉胸针

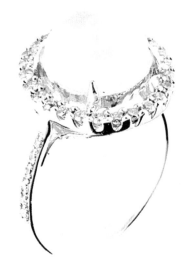

天然冰种翡翠配钻石耳环、戒指套装

都是假证书。市面上一般很难找到在 4C 方面完全符合自己口味的钻石，为此就需要消费者在钻石大小、净度、成色及切工的某方面做些妥协，尽量挑选符合个人意愿的钻石饰品，如年轻人宜选择价格不高、设计新颖的钻饰，中年人忌选 20 分以下的小钻戒等。

购买钻饰时除需要考虑美观、经济承受能力等因素外，更要注重其款式与寓意。钻石因为象征着爱情的甜蜜与婚姻的幸福美满，所以在选购与佩戴上自然与其他首饰不同，如在钻石腰部以激光技术标注结婚纪念日、在钻戒内壁以钢印打上夫妻双方名字的缩写或夫妻双方的爱情誓言等。挑选婚戒时，要依据个人的手指粗细、长短而定。如粗短型应尽可能挑有棱角和不规则的设计，使手指显得较为修长；细瘦型的选购公主方形、长方形和圆形的钻石更加合适，可显厚实稳重之感；丰满型的忌讳佩戴过小的钻戒，选择大粒的榄尖形或椭圆形钻石可令其大气而不失秀丽。此外，耳饰与项链均与个人的脸型有关，如脸型较尖的宜选用轮廓较大的钻饰，圆脸型则应选购长线的耳坠与项链等。

总之，购买钻石应该选择专业的、信誉度高的珠宝店，以保证质量和售后服务。因此，贵重的钻石饰品最好不要在旅游时购买，尤其要留意商家的退换货条款、保养等服务内容。

钻石的保养

钻石是世界上摩氏硬度最高的单质物体，但钻石并不结实，受到猛烈撞击或强烈冲击时会产生解理裂纹，使钻石受损。因此，在保养上需要注意以下三个方面。

第一，小心佩戴。钻饰往往采取爪镶，

3.2克拉钻石戒指

18K金钻石镶锰铝榴石戒指

18K 金花形钻石戒指

天然蓝色绿松石配钻石耳环

所以应轻拿轻放，避免摔打抛扔。

第二，单独存放。钻石是所有宝石中硬度最高的，因此在存放时不能与硬物一起搁置，以防磨损其他首饰。

第三，保持清洁。钻石表面具亲油性，容易污染，影响透明度和亮度，佩戴一段时间后，建议定期到专业的珠宝首饰店清洗，或定期抛光（首饰翻新）。平时不要用手触摸钻面，使用前后应拿托架部分；防止化妆水、香皂、粉扑等沾染钻面，另外钻石也不要贴肉佩戴。

G 钻石的收藏
em ▶▶▶

钻石具有很高的收藏价值，其级别越高，收藏价值也越高。根据钻石的4C标准，单粒重量大于1克拉、颜色达到D级、净度达到FL级且为标准切工的钻石被称为完美钻石，这样的钻石价值高于同样大小的钻石几倍，是最具收藏价值的。

彩钻也是收藏者追捧的对象，它们经常出现在国内外各类珠宝拍卖会上，但由于其数量极为稀少且单粒价值过高，对于普通消费者而言并不适合。

钻石在国际市场上的交易是以美元为单位的。2007年美国次贷危机后，不少人对购买钻石产生了怀疑，认为钻石的价格会随着美元汇率的急剧下挫而大幅降低，不过这种担心是不必要的。近些年来，钻石的价格一直都在上涨，钻石投资收藏的前景是很明朗的。

18K 黄金镶彩石钻石吊坠

钻石 PT900 铂金 18K 黄金男戒

什么是彩钻

彩钻就是颜色浓艳的钻石，常见的有金黄、橙黄、黄绿、粉红、紫红。蓝色少见，红色更少见。自古以来，钻石以无色为贵。直到近现代，才有人开始把各种带颜色的金刚石磨制成钻石，叫"艳钻"或"彩钻"。20世纪90年代初，艳钻在国际市场上的行情开始上涨。钻石收藏家艾迪·艾尔吉斯曾预言艳钻升值潜力很大。

彩钻中最名贵的品种为紫红、粉红和蓝色，每克拉价格要比无色钻石贵四五倍，其次是金黄、橙黄、黄绿色，黑色钻石则只用于工业。中国湖南沅水曾产出一颗重达13.583克拉的微黄钻。

第三章

"瑰丽清澈的红宝石

红宝石瑰丽、清澈的风姿吸引了众多人的眼球，人们甚至认为佩戴它会带来幸运和幸福。红宝石是仅次于钻石的珍贵宝石，也是最名贵的宝石品种之一。红宝石的矿物名称为刚玉，因成分含铬而显红色。红宝石质地坚硬，摩氏硬度仅次于钻石。因其炙热的红色，象征着热情似火、爱情美好、永恒坚贞，因此被人们誉为"爱情之石"。

Gem
"

红宝石金玉满堂坠

• • • • • • •

G_{em} 红宝石的基本特征 ▶▶▶

　　红宝石之所以呈红色，是因为其内部含有微量元素铬。红宝石为非均质体，呈透明或半透明状，有玻璃光泽或亚金刚光泽，密度为每立方厘米 3.99 克 ~4 克，硬度为 9.0，折射率为 1.762~1.770，无解理。天然的红宝石内部常具有指纹状、网状的气体或液体内含物。红宝石还具有特殊的星光效应，即在长波紫外光照射下会显出红色或暗红色，有的还能发生猫眼效应。这种星光红宝石是红宝石的一个变种，在光线的照射下会反射出三束迷人的六道星光射线。

G红宝石的产地
em ▶▶▶

红宝石的著名产地有缅甸、泰国、越南、斯里兰卡、阿富汗和巴基斯坦北部的罕萨等。

缅甸红宝石

缅甸曼德勒东北100多公里的莫谷地区，是世界上最著名的刚玉类宝石产地，莫谷红宝石通常具有鲜艳的玫瑰红色或红色，最珍贵的"鸽血红"品种就出于此地。莫谷红宝石的特点是明显多色性，强烈的红色荧光，常具有大量的针状金红石包体。针状金红石比较短，也比较粗，在定向排列良好时，磨成弧面石可出现六射星光。另一个产区是缅甸的蒙苏山，目前，这里是世界上最重要的红宝石开采区。宝石中

30克拉缅甸天
然红宝石原石

泰国红宝石原石

常含有尖晶石、方解石、榍石、赤铁矿等矿物包体，包体的棱角常因受到溶蚀而变圆。此外，还经常有大量的气液包裹体，密集而弥漫，形成指纹状。

泰国红宝石

泰国也是红宝石的重要产地之一，泰国红宝石的最大特点是晶体中没有丝状金红石包裹体，因此也就不会出现星光。泰国红宝石的颜色不如缅甸红宝石明艳，是因为含铁量高。其颜色较深，质地均匀，多呈暗红色或棕红色，透明度较低，类似石榴石，这种趋向于暗红色的红宝石在美国很受欢迎。在泰国的红宝石饰品中，常见典型的是由极细小固体包裹体组成的指纹状图形。此外，泰国红宝石中还常见有磷灰石、石榴石、透辉石、斜长石及磁黄铁矿的包裹体。

斯里兰卡红宝石

斯里兰卡红宝石与缅甸红宝石相比，颜色浅，以粉红色居多。不过斯里兰卡红宝石透明度高、颜色柔和、金红石包裹体细长，因此在世界上享有一定的声誉。斯里兰卡红宝石中矿物包裹体除与缅甸红宝石相似外，还有两种独有的包裹体，即锆石和磷灰石。锆石包裹体同金红石包裹体一样具有产地意义。

越南红宝石

越南红宝石的产地在安沛省、义静省及清化省一带，所产红宝石的颜色有粉红色，少量紫色或红色，亦有颜色浅淡近于无色的产品。其中不乏与缅甸莫谷红宝石相似的优质晶体，也有透明度低，甚至半透明至不透明的星光红宝石，也存在一些透明度差的品种，可通过热处理来提高其透明度与品质。绝大部分只能被用于雕刻或制成素面石。

越南红宝石手镯

阿富汗红宝石

阿富汗红宝石内含物常见为菱形、解理的块状无色方解石，有的能看见凝析出的金红石丝状物，大多较短呈云雾状。其特别之处在于宝石内含蓝色色带或小点，有窄带状的，有六边形的，都能很清楚地分辨出红蓝色。

肯尼亚和坦桑尼亚红宝石

肯尼亚和坦桑尼亚红宝石色泽明艳，晶体最大可达 10~20 厘米，但多数透明度欠佳。红宝石大多含有包裹体，因此净度高的顶级红宝石很少见到。

镶红宝石手镯

红宝石项链

中国红宝石

中国红宝石产地主要分布在青海、安徽、新疆、云南、黑龙江等地。古代称红宝石为"红喇""红雅姑"等。古代所用的红宝石大多是古波斯商人通过丝绸之路输入中原的。

中国的红宝石总体来说，无论是颜色、密度还是透明度均较差。其中云南红宝石是中国近年来发现的最好的红宝石矿物，颜色以玫瑰红和紫红为主，色彩纯正均匀，但是解理发育、包体和杂质含量较高，绝大多数只能做弧面宝石，具刻面宝石质量的原石很少见。

中国宫廷中的红、蓝宝石

　　早在明朝，宫廷中的冠饰、发簪、耳坠等就用红宝石或蓝宝石来镶嵌。一般情况下只作形抛光，并没有深度加工。1956 年出土的明万历孝端皇后的九龙四凤冠，高 35.5 厘米，帽体框架以髹漆细竹丝编制，通体饰以翠鸟羽毛点翠的如意云片，外壁以宝石、珍珠和金丝编制成金龙飞凤。这些宝石主要是红宝石和蓝宝石。

明万历孝端皇后凤冠

G_{em} ▶▶▶ 红宝石的评价标准

红宝石的价值要从颜色、透明度、净度、切工、抛光程度和重量几方面综合衡定。

颜色

颜色是红宝石的重要评价因素之一。红宝石的颜色要求"正浓阳均"，正指色纯；浓指色彩饱和度高；阳指色彩鲜艳、明度高；均指颜色均衡匀净。最好的红宝石颜色为较深的纯红色，其次是红中微带紫色，再次就是较深的紫红色、粉红色、略带棕色的红色，较差的就是发黑的红色、很浅的粉红色、棕红色。红宝石中缅甸鸽血红是最著名的。

18K 玫瑰金天然鸽血红喜钻

星光红宝石配长钻 PT900 戒指

透明度

红宝石的透明度决定了红宝石的价格，透明度越高，价值就越高。特殊的星光红宝石的评价除了自身的颜色、重量以外，很少要求透明度，因为最好的星光宝石也只是半透明。评价星光宝石的价值主要是看星线的长短、清晰度和笔直程度。

净度

业界通常对红宝石有"十红九裂"的说法。这是说内部瑕疵小、裂隙少、斑纹位置不明显，纯净的红宝石非常少见，因为红宝石里面通常会有一定数量的内含物。内含物的数量、大小、位置、鲜明程度都对红宝石的价值有着重要影响。

切工

　　红宝石一般参照钻石切工要求，可以分为刻面型宝石和弧面型宝石。最受欢迎的刻面型是椭圆形，可以很好地体现宝石的透明度和亮度，而切磨成弧面型可以使红宝石的颜色显得浓重。红宝石最常见的切割形状包括祖母绿形、梨形、椭圆形、水滴形、公主方形等。

　　抛光指的是对宝石表面的打磨，其抛光程度不同，宝石光泽程度也不相同。对于星光宝石来说，抛光工艺更为重要。

　　切工还包括对称性，完全对称的切工有助于展示宝石优势。

重量

　　重量永远是对宝石价值的重要参考标准之一，任何宝石都是越大越好，优质的红宝石更是如此，其价格也会随重量的增加而上涨。

7.16克拉橄榄形及
椭圆形红宝石戒指

红宝石戒指

天然红宝石配钻石花形耳环

G em ▶▶▶ 红宝石的鉴别

红宝石有许多替代品，有人造红宝石还有天然红宝石，常见的天然红宝石替代品为锆石、铁铝石榴石、镁铝石榴石、尖晶石、黄玉、红色碧玺等，那要怎样鉴别真正的天然红宝石呢？我们将一一介绍。

天然红宝石与人造红宝石的鉴别

天然红宝石晶体的生长要经历上万年，因而形成的平行六边形生长纹是人造宝石所不能伪造的。尽管近年来人造红宝石愈发逼真，但其还是不具备天然宝石内部的生长纹。然而天然红宝石的天然生长纹很不容易看清楚，因此想要鉴别二者，可将红宝石浸在纯二碘甲烷液中，以白纸作背景，这时晶体内部结构便一目了然。若是呈现圆弧形生长带或弧形色带，就是人造品；若是平行直线组成的六边形环带，则应是天然宝石。

红宝石与天然宝石的鉴别

红宝石与锆石的鉴别

锆石因为其透明、纯净，本是钻石的替代者。红色的锆石非常少见，因此也经常被用来充当红宝石。要鉴别磨好的成品，可以利用测光仪，天然红宝石的折光率在1.8以下，而锆石近于2。另外，锆石成品的表面多有红宝石没有的明亮闪光，以及五颜六色的变彩。

红宝石与石榴石的鉴别

红色石榴石内部较洁净，肉眼很难看到杂质，很像红宝石，尤其像泰国深色红宝石。但是石榴石是均质体，不会有二色性，而红宝石则有显著的二色性，因此可用二色镜或偏光仪观察识别。红宝石在紫外灯的光线下，有红色荧光，而石榴石表

红色锆石

6.85 克拉椭圆形天然翠榴石配尖晶石耳环

现为惰性；另外红宝石在放大镜下，可看见其内部丰富的气液或固态包裹体，石榴石则没有。

红宝石与尖晶石的鉴别

红色的尖晶石最容易与红宝石相混，因为它们外观相似，又产于同一砂矿之中。况且早在 19 世纪之前，两者是不分的。红色尖晶石不具备天然红宝石所谓的"二色性"，所以可以利用二色性来区别，另外尖晶石的折射率比红宝石低，放大检查时尖晶石具有串珠状排列的八面体负晶。

红宝石与碧玺的鉴别

　　红色碧玺与红宝石很相似，不过其颜色为浓重的褐色调。碧玺的折光率比红宝石要低，所以只要在光率计上就可以测试区别出来。还有碧玺的双折射较大，在放大镜下，可以看见棱面石底部的棱线具有重影。另外碧玺有热电性，同一环境下，红碧玺上沾的杂尘会比红宝石多。

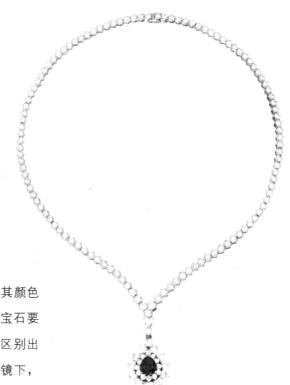

红宝石配钻石项链

红宝石手链

翡翠配红宝石脚踏车型胸针

红宝石与红色玻璃的鉴别

　　红色玻璃与红宝石的区别更容易区分一些。玻璃是均质体，没有二色性，只要用二色镜一看即可区分。玻璃透明，表面常有划痕，在放大镜下能看到里面的气泡。玻璃只有一个折光率，一般都低于1.7，而红宝石的折光率为1.76，因此也可用折光仪来测试区别。此外，用手摸或舌舔时玻璃有温感，而红宝石则有凉感。

G红宝石的选购与收藏
em ▶▶▶

    在收藏与选购红宝石的时候需要从 5 个方面来考虑，即颜色、净度、重量、透明度和切工。一般来说上等的刻面红宝石都是颗粒大、颜色纯正、少量或没有瑕疵或包裹体、透明、加工精细、比例匀称。品质相同的两颗宝石，其颗粒越大价格也就越高。目前在国际市场上，1~2 克拉重的质量中，上乘的红宝石价位为每克拉 1 万 ~2 万美金。

红宝石项链

为什么高温改色的红宝石不是造假

天然生成的红宝石，颜色和透明度大多不是很理想，或者颜色过深，或者颜色过浅，有的甚至还呈现为乳白色，透明度也很差。而高温改色处理时，会将各种杂质包裹在包裹体内，虽然会出现小小的裂缝，但并不明显。将宝石进行高温处理，可以大大提高宝石的透明度和颜色的纯净度，而且因为没有加入外来物质，所以宝石界将这种改色品仍当作天然宝石一样看待，不认为是"假货"。这种方法早在远古时代就已经开始应用。

第四章

" 时尚优雅的蓝宝石

蓝宝石的矿物名称为刚玉，象征着慈爱、
诚实、智慧和高尚的品格，被人们称为"命运
之石"。蓝宝石本是无色的，只是因为内部含
有一些杂质，而显示出颜色，蓝色的深邃让人
联想到大海，给人一种海阔天空的感觉。自古
以来，蓝宝石被东方人当作护身符佩戴在身上，
而在西方人的眼中，蓝宝石会赐予人智慧。

G em "

蓝宝石和红宝石一样，也是因颜色而命名的宝石。其实蓝宝石指的不仅是蓝色宝石，现代蓝宝石是指除了红色以外的，具有宝石品质的刚玉，如 "无色蓝宝石" "黄色蓝宝石" "粉红色蓝宝石" 等，都是彩色蓝宝石的分支。

蓝宝石属刚玉晶体，主要成分是氧化铝，摩氏硬度为 9，密度为 3.99 克 / 立方厘米，直射率为 1.762~1.770，双折射率为 0.008~0.010，呈透明或半透明，具有玻璃光泽至亚金刚光泽。蓝宝石仅次于钻石。蓝宝石中含钛、铁时为蓝色，含锰、镍、钴、钒等微量元素时为褐色、黄紫色或翠绿色等颜色。

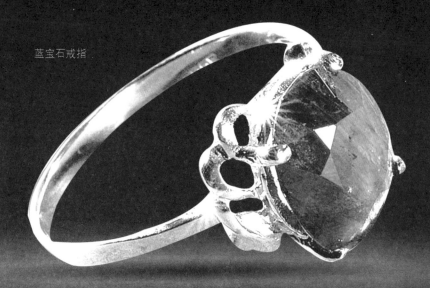

蓝宝石戒指

Gem ▶▶▶ 蓝宝石的产地

世界上出产蓝宝石的地方并不多，主要有缅甸、泰国、斯里兰卡、澳大利亚、中国等，其中缅甸和斯里兰卡所出产的蓝宝石品质最好。克什米尔地区的"矢车菊"蓝宝石，一直被称为蓝宝石中的极品，现在市面上几乎看不到了。

缅甸蓝宝石

缅甸的莫谷除了出产红宝石以外也出产蓝宝石，其中以蓝色蓝宝石居多。缅甸蓝宝石透明度高，裂隙少，颜色为微紫蓝色，在人工光源的照射下会失去一些颜色，并呈现出一些墨黑色。常有针状金红石包裹体及出现六射星光，此外，指纹状的气液包裹体也是它的主要特征。

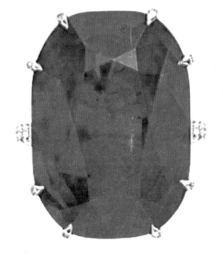

缅甸天然蓝宝石配钻石戒指

海蓝宝石戒指

泰国天然蓝宝石项链吊坠

泰国蓝宝石

　　泰国蓝宝石的颜色一般较深，透明度较低，主要有深蓝色、略带紫色色调的蓝色、灰蓝色三种。没有针状（或绢丝状）的金红石包裹体，也没有星光效应，常见典型的有极细小固体包裹体组成的指纹状图形。绝大多数的泰国蓝宝石都是经过高温改色后才上市。泰国蓝宝石在美国代表较差的品级，在英国品级则仅次于克什米尔蓝宝石。

斯里兰卡蓝宝石

　　斯里兰卡蓝宝石，内含大量絮状、针状包裹体，光彩减弱，略呈灰色。颜色分布不均匀，为暗淡的灰蓝色至浅蓝紫色，有色带、条纹等，但光彩明亮。

中国、澳大利亚蓝宝石

中国、澳大利亚的蓝宝石透明度差，颜色深厚，甚至呈墨黑色，一般具有浓绿色至极深紫蓝色的二色性，常有色带和羽状包裹体。

非洲蓝宝石

除了缅甸、斯里兰卡、泰国以外，非洲也有蓝宝石。非洲蓝宝石，具有各种浅淡颜色，如浅蓝色、浅蓝紫色、浅紫红色、浅黄色、浅橙色、浅钢灰色和浅棕橙色等。斯里兰卡还出产一种近于白色的蓝宝石，国际上叫作"吉达（Geuda）"，经高温改色后，可以变成透明度和颜色都很好的蓝色蓝宝石。克什米尔蓝宝石是目前世界上最好的蓝宝石。蓝宝石平均约 0.6 克拉，0.6 克拉以上至 5 克拉的也有，但价格极高。

蓝宝石

G蓝宝石的种类
em ▶▶▶

　　蓝宝石的颜色多种多样,不透明或半透明的多为黄灰、蓝灰或不同色调的黄色;透明的主要有无色、蓝色、紫色、绿色等。除蓝色的蓝宝石外,主要还有以下几个品种:无色蓝宝石,半透明乳白色,常附有奶状、烟雾状色带以及紫色色块或丝光;绿色蓝宝石,澳大利亚或泰国出产的黑蓝宝石经切割后呈绿色;黄色蓝宝石,也称金色蓝宝石,一般呈浅至中等色调的微棕黄色;紫色蓝宝石,呈紫色、紫红色或紫罗兰色;褐色蓝宝石,一般不透明,若含细针状包裹体,可切磨成星光蓝宝石;深橙色蓝宝石,很少见,价格昂贵;星光蓝宝石,多呈不透明至半透明状,以蓝色、绿色较常见,橙色、黄色极罕见;变色蓝宝石,能在日光下显示蓝色,在灯光下变为红紫色。

8.29 克拉天然彩色蓝宝石配钻石戒指

10.58 克拉彩色蓝宝石

Gem ▶▶▶ 蓝宝石的评价标准

对蓝宝石的评价标准和对红宝石的相同，都是从颜色、净度、重量、切工、对称性、抛光程度几方面综合衡定。

颜色

蓝宝石上品对颜色要求正浓阳均。质量较差的蓝宝石发灰或发黑，需要通过光线透射观察才能显示出蓝色；质量最佳的蓝宝石呈紫蓝色，且在正常的日光下就可看到蓝色。克什米尔的矢车菊蓝宝石、斯里兰卡的粉红蓝宝石和橙色蓝宝石等都是名品。另外，二色性是否强烈、色带是否明显、颜色分布是否均匀等，都将直接影响其价值。

83.1 克拉彩色蓝宝石配钻石铂金项链　　　　　　　　蓝宝石变色戒指

净度

由于净度高低与宝石颜色关系很大，因此宝石内部的裂隙、斑纹位置等都决定了宝石的价值。较高净度的蓝宝石要比红宝石和祖母绿数量多，但内部瑕疵极少的仍然非常稀有，且价格很高。因为蓝宝石中的瑕疵多为裂纹和包裹物，且不太明显，特别是高档蓝宝石，更是微小，若不在显微镜下是看不出来的。

重量

对于宝石而言，重量是一个重要的考量标准。不过重量对蓝宝石的价格影响没有红宝石那么明显，因为质量上乘、密度较大的蓝宝石比较多，超过 5 克拉、质量较好的也不罕见，这也反映出蓝宝石不如红宝石珍贵。

切工

蓝宝石的切工要求基本和红宝石以及钻石的相似，包括形状比例美观，抛光表面完好亮丽。完全对称的切工有助于展示宝石优势；抛光程度不同，宝石的光泽程度也会有所不同，因此切工的好坏直接影响宝石的价格。对于星光蓝宝石来说，星光越亮越好，星光光线交点应位于弧面宝石的顶点，星光的光线不要有缺、断、弯曲等。

蓝宝石配钻石项链

G蓝宝石的鉴别
em ▶▶▶

　　蓝宝石的替代品有很多，不管是天然的还是人工合成的，都能利用各种不同的方法来鉴别。与蓝宝石相似的天然宝石有蓝色尖晶石、蓝色碧玺、坦桑石、蓝锆石等。

250.67 克拉天然紫水晶配钻石、粉色蓝宝石吊坠

蓝宝石与尖晶石的鉴别

　　蓝色尖晶石颜色均一，微带灰色，没有二色性，而蓝宝石的颜色不均匀，具有强烈的二色性，因此可以用二色镜来鉴别。另外，蓝宝石有两个折光率，最低值为 1.76；尖晶石只有一个折光率，最高数值不超过 1.75，因此，用折光仪测定宝石的折光率也可以鉴别。还可以用查尔斯滤色镜观察，天然蓝宝石为暗绿色，而蓝色尖晶石为红色。

18K 黄金镶红宝石、蓝宝石花形胸针

蓝宝石与碧玺的鉴别

　　蓝宝石内含丝绢状包裹体、弥漫状液态包裹体及荷叶状包裹体；而蓝色碧玺多呈带绿的蓝色，有较多的裂纹和空管状气液包裹体，其硬度、密度、折光率都和蓝宝石不相同，因此可以利用放大镜观察，也可利用折光仪测定宝石的折光率，还可通过测定其硬度和密度等来鉴别。

7.26 克拉坦桑石 PT900 铂金镶钻戒指

星光蓝宝石镶钻铂金戒指

蓝宝石与坦桑石的鉴别

经加热处理的坦桑石外表酷似蓝宝石，但呈色不均匀，二色性也比蓝宝石明显，仅用肉眼就能清楚地看到紫红色、深蓝色两种颜色出现。坦桑石的硬度远远低于蓝宝石，区别坦桑石和蓝色蓝宝石，可利用测定硬度的方法，另外测定折光率也是一个很好的办法。

蓝宝石与蓝锆石的鉴别

经过处理的蓝锆石色彩鲜艳，但是均一干净，包裹体稀少，其色散性较强，在放大镜下能观察到弧形生长纹。另外蓝锆石的生长纹密集，因此有很高的双折射率，可以借助吸收光谱与蓝宝石区分。

天然蓝宝石配钻石项链

蓝色锆石戒指

蓝宝石项链

蓝色黄玉戒指

蓝宝石与蓝色黄玉的鉴别

蓝色黄玉折射率低，光泽与玻璃相似，因此可用折光仪来测定其折光率来鉴别。另外，在查尔斯滤色镜下观察，蓝色黄玉呈灰色，蓝宝石则呈暗绿色。

蓝宝石与蓝色玻璃的鉴别

在还没有人造蓝宝石之前，蓝色玻璃一直就是最常用的蓝宝石替代品。蓝色玻璃中含有微量元素钴，所以，它的蓝色中带着一些红色，因此可以用查尔斯滤色镜观察、区别蓝色玻璃和蓝宝石。

蓝宝石与二层石的鉴别

　　所谓二层石就是分为上下两层的石头，其上层一般为天然宝石、人造宝石或蓝色尖晶石；其下层为蓝色玻璃。可以根据反射的蓝色光成分不同，用查尔斯滤色镜来鉴别。在查尔斯滤色镜下上层物质呈暗灰绿色，而下层的蓝玻璃呈暗红色，因此能看到很明显的颜色差别。

彩色蓝宝石配钻石铂金项链

蓝色玻璃珠链

• • • • • • •

G em ▶▶▶ 蓝宝石的选购与收藏

蓝宝石的选购

颜色多样的蓝宝石适合任何人佩戴。男士可以选择颜色较深的蓝色，女士则可以选择较浅淡的颜色。选购的标准与红宝石相似，称得上上品的蓝宝石重量大、透明度高、无或极少包裹体与瑕疵、切工精细、各部分比例匀称。在细微方面蓝宝石和红宝石有些不同，对于蓝宝石来说，瑕疵对其价值的影响更加直接、明显。蓝宝石饰品是贵重物品，多被永久性佩戴、收藏，所以要注意保养，最好每年都送到专业的珠宝店铺做一次保养。

蓝宝石项链

18K金镶蓝宝石钻石吊坠

矢车菊蓝宝石戒指

蓝宝石的收藏

蓝宝石有着非同一般的魅力，喜欢彩宝的人无疑会对蓝宝石情有独钟。收藏投资蓝宝石是一件十分考究的事情，要注意的问题与红宝石相似，但也略有差异。

蓝宝石的价值首先体现在它的颜色上。蓝宝石不仅本身会因蓝色的差异而有不同的价格，还因有不同的色彩，而有贵贱差异之分。克什米尔地区出产的"矢车菊"蓝宝石被喻为极品蓝宝石之王，其以纯透典雅、明艳无瑕的浓重蓝色给人以天鹅绒般的独特质感。而产自斯里兰卡的"帕帕拉恰"帕德玛蓝宝石被称为彩色蓝宝石之后，帕德玛一词出自梵语 padmarage，意为"莲花"，代表着圣洁和生命。这种宝石的独特之处在于同时拥有粉色和橙色，交相辉映，缺一不可。罕见的紫色蓝宝石也具有较高的人气，然后是具有金黄色调的蓝宝石。一些色彩不好的灰绿、黄绿或蓝绿色的蓝宝石价格较低，但十分罕见的纯绿色例外，其价格有时与优质的蓝色蓝宝石相当。

蓝宝石的价值取决于颜色，但同时还会受到颗粒、切工等方面的影响。目前 2 克拉以上未经改色的优质蓝宝石，最少 600 元；罕见的极品蓝宝石仅 1 克拉就会超过 1 万元。

蓝宝石的传说

　　蓝宝石寓意为情意深厚的恋人，与传说中的古爱神维纳斯的神话有关。相传热恋中的男女有一方变心的时候，蓝宝石就会失去光泽，直到下一对真心相爱的恋人出现时，它的光泽才会浮现。所以蓝宝石也是浪漫爱情的象征。蓝宝石展现出一种体贴和沉稳之美，给人以舒适轻快的感觉。若是将它镶在戒指上佩戴，则能够疗养心灵的创痛，平稳浮躁的心境。蓝宝石因其神秘性受到中世纪教皇和圣职们的推崇，也受到王室与贵族的追捧。11 世纪英国国王的戒指上就镶入了一枚玫瑰色蓝宝石，这枚蓝宝石后来又被镶嵌到英国国王的王冠上。蓝宝石无穷的诱惑力使之成为人类最为喜爱的宝石之一。不管是在西方还是东方，蓝宝石都很受人们的喜爱。

第五章

"含蓄自然的祖母绿

祖母绿，是一种绿色的宝石，是古波斯文
Zumurud 音译名"助木刺"的另一种写法，又有人
写作"子母绿"。有"稀世之宝""宝石皇后""绿
色宝石之王"的美称，是国际珠宝界公认的名贵宝
石之一，它和钻石、红宝石、蓝宝石并称为宝石界
的"四大珍贵宝石"。其因特有的绿色、独特的魅
力和神奇的传说而深受世人的青睐。

Gem

· · · · · · ·

G祖母绿的基本特征
em ▶▶▶

　　祖母绿属于绿柱石类宝石，是一种含铍铝的硅酸盐，因含微量的铬元素而呈现出晶莹艳美的"祖母绿色"。属六方晶系，晶体单形为六方柱、六方双锥，硬度为7~8，密度为 2.72 克 / 立方厘米，折射率为 1.56~1.60，双折射率为 0.004~0.010。玻璃光泽，透明至半透明。祖母绿很脆，有很多裂纹。祖母绿由于珍贵，重 0.2~0.3克拉的优质祖母绿即可用以镶嵌高级首饰，成品中重量超过 2 克拉的优质品，就是少见之物。

　　祖母绿常被磨成方形或长方形阶梯式的棱面石，也有磨成弧面石的，最珍贵的是具有猫眼闪光效应的祖母绿弧面石。

18K 金祖母绿钻石戒指

祖母绿镶钻铂金项链

天然祖母绿配钻石项链、耳环套装

G_{em} ▶▶▶ 祖母绿的产地

现代，祖母绿的主要出产国是哥伦比亚、巴西、赞比亚、津巴布韦和巴基斯坦。世界上颜色和质量最佳的祖母绿产于哥伦比亚，产量占世界祖母绿产量的70%以上。俄罗斯的西伯利亚曾经是优质祖母绿的产地。哥伦比亚、巴西都曾发现过重量超过1000克拉的优质祖母绿晶体。

哥伦比亚的祖母绿

哥伦比亚的祖母绿以颜色佳、质地好而闻名于世，其产量占世界总产量的70%以上。几个世纪以来，哥伦比亚的木佐和契沃尔矿山一直是世界上最大的优质祖母绿供应地。木佐产出的祖母绿偏黄色，契沃尔产出的祖母绿偏蓝色。哥伦比亚祖母绿主要产在沉积岩系的方解石钠长石脉之中，其祖母绿呈淡绿至深绿，略带蓝色调，呈柱状晶体，平均长 2~3 厘米，质地好、透明度高。祖母绿晶体中可见一氧化碳气泡、液状氯化钠和立方体食盐等气液固三种包裹体，这在其他地区产的祖母绿中是非常罕见的，除此之外，还有黄铁矿、水晶、铬铁矿等包裹体。

哥伦比亚祖母绿

哥伦比亚祖母绿式样马雕像

祖母绿项链

"两小无猜"祖母绿吊坠、耳环、戒指套装

乌拉尔祖母绿

乌拉尔祖母绿最早是 1831 年被一个农民发现的，矿区位于斯维尔德洛夫斯克附近。乌拉尔祖母绿在云母岩中呈不均匀的斑晶，颜色呈淡绿至深绿色，略显黄色调。多为柱状晶体，有时为扁平板状晶体，平均长 3~5 厘米，祖母绿晶体中常含阳起石包裹体，不规则排列，还有呈叶片状和鳞片状的黑云母包裹体。晶体裂隙发育，所以成品质量很小。

南非祖母绿

南非是世界上祖母绿的主要出产国之一。南非祖母绿位于黑云母片岩和黑云母绿泥石片岩中，伴生矿物电气石、金绿宝石、黄玉等。晶体较小，呈压扁的板状，含黑云母和硫化物包体。颜色呈浅绿至深绿，有分带现象，长 3~5 厘米，在滤色镜下很少显红色。

祖母绿珠链

巴基斯坦祖母绿

巴基斯坦白沙瓦祖母绿矿床发现于1958年,矿床呈东北向延伸,面积达12公顷。巴基斯坦的祖母绿产于变质岩的蛇绿岩中,呈深绿色,晶体透明,多数大于1克拉,但多含有包裹体。优质祖母绿可以同哥伦比亚祖母绿相比。巴基斯坦祖母绿富含铁,所以无荧光。我国市场上的祖母绿,有不少是来自于巴基斯坦。

津巴布韦祖母绿

津巴布韦著名的祖母绿矿山在马钦韦及桑达瓦那。津巴布韦祖母绿呈艳绿色,六方晶形柱状体,长度在1~3厘米,粒度小,最大的也小于5克拉,但质量极高。目前津巴布韦已成为世界上一个新兴的祖母绿主要出口国。

巴西祖母绿

巴西发现祖母绿矿是在 1984 年，在那以前人们还不认识祖母绿，小孩都用它来当作玩具，直到后来一个韩国人请专家鉴定以后才知道是祖母绿。巴西祖母绿颗粒较小，密度相对较小，颜色较浅，偏浅蓝色，折射率和双折射率也相对较低。除偶有近乎无瑕级晶体外，多数有内含物，外形皆不规则。

中国祖母绿

中国古代用的祖母绿都是从其他国家进口来的。在明清时期的宫廷内所使用的祖母绿最多。20 世纪 80 年代以后，我国地矿业开始勘察祖母绿矿床，但是陆续发现的 20 多个矿床都没有出产过高品质的祖母绿宝石，其中最好的是云南所产的祖母绿。其祖母绿晶体长达 5~8 厘米，呈淡绿色，多包裹体，横裂很多，多为不透明或半透明。

水滴形祖母绿耳坠

西洋欧洲古董首饰收藏 925 纯
银项链加 31 颗祖母绿宝石

G em ▶▶▶ 祖母绿的种类

祖母绿有特殊的光学效应，按其有无特殊光学效应和特殊现象可分为四个品种，即祖母绿、祖母绿猫眼、星光祖母绿和达碧兹祖母绿。

祖母绿：没有任何特殊光学效应的绿祖母。

祖母绿猫眼：具有猫眼效应的祖母绿。这种祖母绿非常稀少，价格也很昂贵。

星光祖母绿：具有星光效应的祖母绿。数量比祖母绿猫眼更少，价格更加昂贵。

达碧兹祖母绿：具有特殊现象的哥伦比亚祖母绿。达碧兹祖母绿非常特殊，虽然其加工成宝石的价值不高，但具较高的观赏价值。

天然哥伦比亚祖母绿手镯

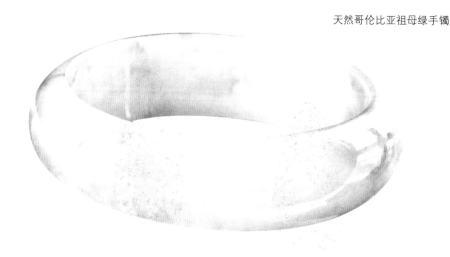

G em ▶▶▶ 祖母绿的评价标准

　　祖母绿是高档宝石，优质祖母绿的价值甚至超过钻石。评判祖母绿等级需综合考核多种相关要素，对于祖母绿本身而言，可以从以下五个方面来衡量，即颜色、透明度、净度、重量、切工。

祖母绿项链
水滴形哥伦比亚祖母绿，重约 27 克拉，配约 11 克拉钻石铂金，项链长度约 380 毫米。

颜色

祖母绿颜色分布均匀，以纯正的中、深绿色为好，不偏蓝、不偏黄，颜色明度愈鲜艳愈好。从世界市场看，艳绿、翠绿为佳，绿色偏蓝、偏黄次之。木佐绿色和津巴布韦三打湾矿石绿都为颜色中的上品。

透明度

祖母绿内部杂质、裂隙、瑕疵少，表面无划痕、无残损的为最好；晶体清澈通透者为上，半透明者为下。

天然斯里兰卡蓝宝石、哥伦比亚祖母绿配深彩黄钻石项链

净度

祖母绿原石多有杂质，晶体内部都有似水晶中"绵"状的蝉翼。净度不好的一般都价值低下。绝大多数情况下，即便是上品祖母绿，其内部也常见内含物及羽状裂隙，只是相对较少而已。

枕形哥伦比亚祖母绿钻石耳坠

重量

祖母绿以大为贵，重量大的祖母绿要比小颗贵许多。市场上优质祖母绿的晶体不大，多在 0.3~0.5 克拉，超过 0.5 克拉的不多见，而超过 1 克拉的更少见，超过 2 克拉的就是珍品。目前最大的祖母绿首饰"安第斯之星"重 80.61 克拉。

切工

切工以各种加工面的规整度、对称度均好，比例适中，能够把宝石的光泽彻底反射出来的祖母绿为佳。不过祖母绿性脆，在切割加工时易残损，因此切割方法很少翻新，一般是方形刻面，又称"祖母绿式"。

由于产地不同，祖母绿的价格也相差悬殊。例如，哥伦比亚产祖母绿每克拉约 400~600 美元，10 克拉以上至少价值 10000 美元，而巴西产祖母绿每克拉仅约 10~20 美元。

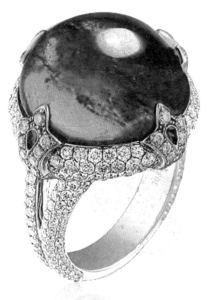

21.81 克拉圆形天然哥伦比亚祖母绿配钻石戒指

2.79 克拉天然哥伦比亚祖母绿配钻石戒指

Gem ▶▶▶ 祖母绿的鉴别

因祖母绿价格昂贵，所以有些为了牟取暴利的人就选择了以假乱真。市场上有不少的人造祖母绿，其加工的技法繁杂多样。比如吉尔森祖母绿就是用熔融法制造的祖母绿，还有一些天然的宝石，其形态和颜色等都和祖母绿有相似之处，如绿碧玺、翡翠、橄榄石、萤石、石榴石、锆石、磷灰石、绿色蓝宝石等。其中最容易以假乱真的就是绿碧玺、萤石和翡翠三种。

18k 金钻石祖母绿项链

怎样用查尔斯滤色镜鉴别祖母绿

查尔斯滤色镜，是专门为了鉴定祖母绿而制作的，又名祖母绿滤色镜。祖母绿在查尔斯滤色镜下会变色，由美丽的绿色变成红色或粉红色，这是因为祖母绿在白光的照射下，能够透过绿光和红光，而查尔斯滤色镜将透过的绿光吸收，将红光放行，因此，祖母绿就变成了红色。而其他绿色宝石在白光照射下，透射的光基本是绿光或黄绿光，几乎没有红光，因此在查尔斯滤色镜下就呈现绿色，不过是稍微暗了一些，不会出现红色。但也有例外，印度和非洲所产的祖母绿，有很多在查尔斯滤色镜下仍保持绿色。

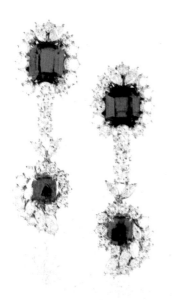

12.62 克拉天然哥伦比亚祖母绿配钻石耳环

天然祖母绿与人造祖母绿的鉴别

天然祖母绿含有黄铁矿、黑云母和钠长石包裹体，还有阳起石、方解石、电气石、磷灰石和金红石等包裹体；折光率为 1.57 或略高于 1.57；在密度为 2.67 的重液中下沉；在长波紫外线的照射下多数天然祖母绿没有什么变化，极少数会发出弱橙红到紫色的荧光。而人工合成的祖母绿颜色浓艳，有面纱状熔质包裹体、银白色不透明三角形铂片包裹体、柱状硅铍包裹体等，在长波紫外线的照射下会闪烁中强荧光。现代合成祖母绿大多采用熔融法和水热法制成。

180 克拉特大祖母绿镶钻石红蓝宝吊
坠兼胸花——"绿波荡漾"

金绿碧玺吊坠

用熔融法制造的祖母绿，只是在其成分中加入了一些铁，在它的吸收光谱的蓝色部分会出现波长 427 毫米的吸收带。在天然祖母绿中，是没有吸收带和羽状包裹体的。水热法合成祖母绿内部发育的波状生长纹和色带，是天然祖母绿所没有的。

祖母绿与其他宝石的鉴别

其他和祖母绿相似的天然宝石，其颜色、外观、光泽上看似相同，但实际上其折射率、荧光效应、包裹体成分等都有很大的区别。比如萤石的折光率、硬度就和祖母绿不同；绿色玻璃的密度、折光率也和祖母绿不同。因此，要鉴别祖母绿和其他宝石并不是件很难的事情，可以依据密度、折射率、双折射率、荧光效应、包裹体成分来分辨。如碧玺有很强的二色性，在二色镜或放大镜下观察可以看到双影，而祖母绿则不会出现这种现象；如将祖母绿和绿柱石放在密度为2.65的重液中，绿柱石会上浮，而祖母绿则会下沉。总之祖母绿有自己独特的性质，是其他宝石不可替代的。

祖母绿的保养

由于祖母绿具解理、性脆易碎等特点，所以在佩戴祖母绿首饰时，要格外小心，不要用力挤压首饰，以免祖母绿碎裂；对于爪镶的祖母绿首饰，佩戴时应避免抓爪强力钩挂衣物或其他坚硬的物体，使宝石脱落；从事体力劳动或其他剧烈活动时，应取下首饰，以防宝石受到碰撞内部产生裂纹；清洁保养时，可以在温水或弱碱性的肥皂水中用软布或丝绸轻轻擦洗，切忌用清洁钻石的超声波清洁器或在高温下清洗祖母绿宝石。

祖母绿的选购与收藏

祖母绿天生丽质，但上帝的公平之手在慷慨赋予其顶级绿色之外，也留下了一丝缺憾。如果喜欢祖母绿，就必须要接受祖母绿天然的内部结构上的缺陷。真正颜色美艳而内部又洁净无瑕的祖母绿几乎不存在。如果你在市场上看到这样的祖母绿，十有八九是合成的。真正的祖母绿爱好者，会亲切地将祖母绿的内部特征称为"花园"。拥有一颗祖母绿，便如同拥有了一座绿色的花园，而园中的花草到底长得如何，则是一石一天地了。

祖母绿项链吊坠组合　　　　　　　祖母绿钻石项链

世界知名祖母绿

美国华盛顿史密森博物馆收藏的巨大祖母绿钻石指环，重37.82克拉。

在奥地利的维也纳博物馆中，有一个巨大的祖母绿花瓶，重达2681克拉，乃是绝世奇珍。

世界上最大的一个祖母绿晶体，在巴西发掘并在印度切割，这枚名为"特奥多拉"的祖母绿宝石重达57500克拉，约合11.5公斤。

第六章

" 炫目华彩的金绿宝石

金绿宝石是最具神秘色彩的宝石，它的透明度较好，呈现黄色或黄绿色。金绿宝石的英文名称为 Chrysoberyl，源于希腊语的 Chrysos（金色）和 Beryuos（绿宝石）。

G em

"

G_{em} ▶▶▶ 金绿宝石的基本特征

金绿宝石是铍和铝的氧化物，透明至不透明，玻璃至亚金刚光泽，摩氏硬度为8.5，相对密度为 3.70~3.78，折射率为 1.746~1.763，密度为 3.73 克 / 立方厘米，韧性极好，二色性明显。晶体为斜方晶系，晶体形态常呈短柱状、板状，完全解理、贝壳状断口，其内部含有互相垂直排列的金红石针状内含物与管状气液内含物，极个别的金绿宝石中会出现四射星光的现象。视其中含铁的多少而呈深浅不同的淡黄、葵花黄、绿黄、黄绿、棕黄、绿、黄褐等颜色。另外，金绿宝石所具有的特殊光学效应为猫眼效应与变色效应，同时具有这两种特征的变石猫眼最为珍贵。

猫眼石手串

我国天然猫眼石

G em ▶▶▶ 金绿宝石的产地

　　金绿宝石的成因有气成热液型和伟晶岩型两种，具有开采价值的金绿宝石矿床大多产于砂矿中。金绿宝石的主要产地有俄罗斯、斯里兰卡、缅甸、巴西、美国、马达加斯加、津巴布韦、坦桑尼亚等国，其中最好的变石产于俄罗斯的乌拉尔地区，但是矿源几近枯竭。斯里兰卡产出的猫眼宝石最好，最高质量的产于斯里兰卡砂矿中。目前巴西已发现了多种金绿宝石品种，包括透明的黄色、褐色金绿宝石及高质量的猫眼石、变石。

G em ▶▶▶ 金绿宝石的种类

　　金绿宝石多呈黄色至黄绿色、灰绿色、褐色至黄褐色，可以分为四个彼此完全不同的宝石种类：猫眼石、变石、变石猫眼，还有一种不被人所知的明亮的透明品种。

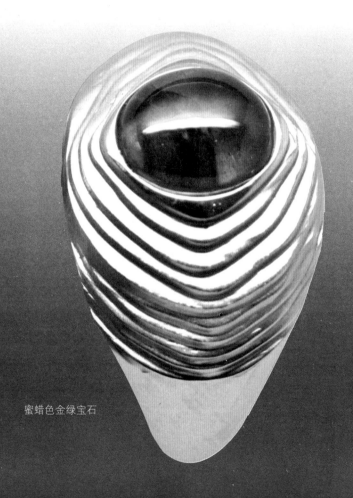

蜜蜡色金绿宝石

橙色猫眼金绿宝石　　　　　　　　　　　　绿色猫眼金绿宝石

猫眼

　　猫眼石特指具有猫眼效应的金绿宝石，一般半透明，拥有漂亮的天鹅绒般丝状光泽。这种宝石加工成弧面形后，内部晶体中平行分布的管状包裹体就会发生反射，出现一条像猫眼"瞳眸"一样的光带，故得"猫眼"之名。猫眼石的颜色多种多样，从黄绿色到接近亮绿色，从蜜黄色到蜜褐色，一应俱全。但亮金褐色是最理想的颜色，带有较暗的阴影使宝石显现猫眼效应或"牛奶和蜂蜜"效果。猫眼石产地主要有斯里兰卡、巴西、马达加斯加、缅甸、印度、俄罗斯等。

变石

　　变石特指具有变色效应的金绿宝石，素有"白昼祖母绿，黑夜红宝石"之美誉。变石的透明晶体只能通过红光和绿光，在日光下呈现叶绿色，在白炽灯光下呈现橙色或褐色至紫红色，这是由光源中不同的颜色决定的，日光中含有绿光而白炽灯光

金绿宝石手镯

中含有红光。变石的产地很少，除俄罗斯外，巴西、缅甸、津巴布韦和赞比亚也曾有发现，其中，最好的变石产于俄罗斯的乌拉尔地区。变石是一种坚硬耐磨的宝石，一般加工成刻面。

变石猫眼

变石猫眼指既具有变色效应又具有猫眼效应的金绿宝石，呈现蓝绿色和紫褐色，是极为罕见的珍品。一般变石猫眼被加工成弧面。这些宝石通常很小，具有变色效应。

金绿宝石

金绿宝石

金绿宝石是不为人所注意的一种宝石，也并不珍贵。这种宝石尺寸大、纯净度高、耐磨、颜色艳丽，但是其价值远远不如猫眼石和变石高。

天然金绿猫眼耳饰

G金绿宝石的评价标准
em ▶▶▶

　　金绿宝石的评价标准和其他宝石有相似之处，对于没有任何光学效应的金绿宝石要从颜色、透明度、切工、重量等方面来评价，而对于猫眼、变石、变石猫眼这类有特殊光学效应的金绿宝石的评价则要单独而论。

金绿宝石

　　没有任何光学效应的金绿宝石目前处于有价无市的局面，因为金绿宝石本身的价格就高，而纯净、透明的单晶宝石很难见到，所以一直没有受到追捧。越是纯净、越是沉重、越是透明、越是切工好的金绿宝石，其价格越高。

天然金绿宝石镶嵌钻石戒指

黄金包裹宝石镶嵌猫眼石

猫眼石

　　猫眼石的另一个名字是"波光玉"，源自希腊语"波光"，完全是因为金红石针状包裹体的光学折射产生的光学效应。猫眼效应的评价标准很复杂，主要从宝石自身与猫眼效应两方面考虑，当然，最重要的还是猫眼效应，宝石猫眼的眼线越细、越直、越清晰，宝石的品质越好。另外猫眼具有多种体色，其中以蜜黄者为最佳，深黄、深绿、黄绿、褐绿、黄褐与褐色次之。

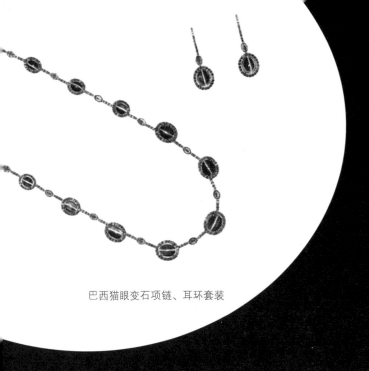

巴西猫眼变石项链、耳环套装

变石

　　最好的变石在日光下应呈祖母绿色，在烛光下应呈鸽血红色。变石以所呈两种颜色的鲜艳度、饱和度高者为佳。

变石猫眼

　　变石猫眼本就稀少、珍贵，若是具有强烈变色效果，同时又具有优质猫眼的眼线平直、完整等特点，那就是变石猫眼中的极品。

变石钻石戒指

天然金绿宝石

2.57 克拉猫眼石钻石 PT900 铂金戒指

G金绿宝石的鉴别
em ▶▶▶

金绿宝石中的猫眼石和变石是最容易被仿制和假冒的，没有任何特殊光学效应的金绿宝石则很少被假冒。其仿冒品有人工合成的宝石，也有天然生成的其他宝石，我们将一一介绍。

猫眼石仿冒品的鉴别

猫眼石的唯一天然仿冒品就是石英猫眼，又名勒子石。它的外观和光泽等都很像猫眼石，但其硬度低，呈不透明到半透明的灰褐色。相同大小的石英猫眼比猫眼宝石要轻，而且光线弱且不清晰。另外也有用合成猫眼来替代的，它的性质与天然变石猫眼相似，也具有紫外荧光。

天然水晶猫眼石（发晶）

藏饰镶银猫眼石戒指

天然七彩猫眼石

变石仿冒品的鉴别

用于仿冒变石的天然宝石有尖晶石、石榴石、红柱石、蓝宝石等。红柱石变色是在同一光源下出现的，且折射率、密度比变石低得多；尖晶石及石榴石无偏光性，无多色性；蓝宝石在白天呈蓝紫色而晚上呈红色，折射率的最低值大于变石的最高值。

1973年，一种很好的合成变石由美国创造晶体（Creative Crystals）公司生产，它的性质和天然变石完全一样，之后在1974年合成的变石则由日本京瓷公司推向市场，称为"Inamori人造变石"，也叫变色合成刚玉。合成变石的密度、硬度和天然宝石基本相同，但是颜色变化不同，其为从绿蓝色变化到紫红色，而且折射率偏低，宝石内部可见长条状的气液两种以及多种内含物，有较强的紫外荧光。

G_{em} 金绿宝石的选购与收藏

由于金绿宝石并不常见，所以一般的珠宝店很少销售。随着人们对金绿宝石认知程度的提高，再加上自然界产出量很少，其升值潜力不断提升。现在越来越多的人不仅喜欢收藏和投资猫眼石、变石，还开始收藏和投资普通的金绿宝石。在收藏或投资金绿宝石时，大家一定要注意鉴别市场上与金绿宝石相似的宝石或仿制品。

晶体直径大于3毫米、经过琢磨的金绿宝石，常被收藏家所珍藏，其价值与重量、颜色、透明度、切工几方面有关。颗粒越大、颜色越鲜艳、透明度越高，其价值就越高。其中，金绿宝石的棕色调越强价值越低，而高透明度的金黄色、绿色、葵花黄色价值最高。

金绿猫眼石中最名贵的颜色是蜜黄色或葵花黄，而且好的猫眼石要求眼线平直，光带居中、明亮、完整。通常，金绿猫眼石的颗粒越大，其收藏价值越高。

对于变石来说，影响变石价格的主要因素为变色效果、大小、透明度及瑕疵多少。最受欢迎的是在日光下呈现祖母绿的绿色、在烛光下呈现红宝石的鸽血红色的变石。一般来说，粒大、透明度高且瑕疵少的变石价格高，变色效果愈明显，则价格愈高。

变石猫眼在国内外市场非常罕见，价值极高，几乎没有什么价格可比性。

3.6 克拉天然金绿猫眼石镶嵌钻石戒指

天然金绿猫眼石镶嵌钻石戒指

第七章

错落有致的碧玺

碧玺被人们称为"落入人间的彩虹"。相传，在彩虹落脚的地方，能够找到永恒的幸福和财富，这藏在彩虹落脚处的宝石，囊括了世间的各种颜色，集全部宝石的美丽于一身，深受人们的喜爱，被视为 10 月生辰石。

Gem

G碧玺的基本特征
em▶▶▶

　　碧玺是仅次于钻石、红宝石、蓝宝石、祖母绿的有色中高档宝石。碧玺结晶习性为柱状、三方状、六方状、三方单锥，内含物多为典型的不规则线状、扁平或管状的平行于晶体长轴方向的薄层空穴，部分还可见大量平行的针状、纤维状内含物；透明至半透明，有玻璃光泽，无解理，较强的二色性，硬度为7.0，折射率为1.62~1.64，双折射率为0.020，可呈现出美丽的猫眼效应。由于碧玺具有易脆性，所以佩戴时应注意避免撞击。

18K 铂金镶钻红碧玺项链

18K 黄金镶钻红碧玺吊坠

巴西红绿西瓜碧玺手串

G em ▶▶▶ 碧玺的产地

　　碧玺的主要产地包括巴西、斯里兰卡、马达加斯加等。世界上最出名的碧玺产地是巴西和美国。巴西的帕拉依巴所产的碧玺价值最高，米纳斯克拉斯州出产各种碧玺，如蓝色碧玺、绿色碧玺、紫罗兰色碧玺、红色碧玺和碧玺猫眼；美国缅因州产红、绿和西瓜碧玺，加州则以红碧玺最有名，康涅狄格州、纽约州等地也产碧玺。意大利以无色碧玺闻名；马达加斯加及缅甸、莫桑比克也有大量宝石级的碧玺出产；中国云南哀牢山、新疆阿尔泰地区也产碧玺，新疆所产的碧玺虽然颗粒比较大，但是颜色并不鲜艳，有些发暗。

新疆碧玺烟灰缸

巴基斯坦碧玺

G碧玺的种类
em ▶▶▶

　　碧玺颜色丰富，种类繁多。按颜色可将其分为绿碧玺、蓝碧玺、红碧玺和多色碧玺等。还可根据其特殊的光学效应，将其分为碧玺猫眼和变色碧玺两种。

红碧玺戒指

碧玺吊坠

绿碧玺

绿碧玺产量最多，质量好的绿碧玺可称为 Chrome。绿碧玺的绿色往往含有不同程度的灰色调，很少能看见纯净而绿色鲜艳的绿碧玺，因此颜色对绿碧玺有很大的影响。

蓝碧玺

蓝碧玺的蓝色和蓝宝石的蓝色是不相同的，蓝碧玺的颜色包括蓝黑色、绿蓝色的过渡色，很少能看见纯粹的蓝色，目前最好的蓝碧玺为深蓝色，被人称为 Indigolite 或 Indicolite。

红色碧玺配祖母绿宝石项链

红碧玺

　　红碧玺中纯粹鲜艳的红色被称为 Red Tourmaline，这种碧玺很难见得到，价值也是最高的，此外还有紫色、桃红色等。紫色甚至可接近紫水晶的颜色，但仍可感觉到其主色调为红色，即显示为紫红色，属于比较珍贵的品种。桃红色中颜色较浅的常带有粉色调，俗称单桃红，价值略低；深粉红色的碧玺，俗称双桃红，因为颜色艳若桃花，在市场上极被看好。

多色碧玺

  多色碧玺也称杂色碧玺，即在一颗碧玺晶体的不同部位有不同的颜色，是很独特的品种。其中最具有代表性的是西瓜碧玺：晶体外皮为绿色，而内部为红色，横截面为柱状晶体，以颜色鲜艳且互为映衬者为上品。

西瓜碧玺吊坠

多色碧玺手串

水滴形绿碧玺

G碧玺的评价标准
em▶▶▶

碧玺的价值取决于自身的透明度、颜色、纯净度。

透明度

碧玺没有明显的雾感，越是清澈晶莹，价值就越高。

颜色

要求鲜艳、纯正、分布均匀，碧玺以红色、蓝色、绿色较为名贵，粉红色次之。绿色碧玺以祖母绿色为最佳，黄绿色及其他杂色碧玺则较普通，价格较低，瑕疵越少价格越高。通常好的红色碧玺的价格比相同大小的绿色碧玺高出一倍以上。另外，碧玺出现猫眼效应，其价值也会有所增加。纯蓝色和深蓝色碧玺因稀少罕见而具有很高的价值。

纯净度

　　碧玺比较脆，容易产生裂隙，名气较大的西瓜碧玺就是因此不能做成经典的刻面宝石，只能用于首饰镶嵌，所以其总体价值并不是很高。同时碧玺内部含有大量包裹体，由于大量裂隙和包裹体的存在，影响了碧玺的透明度、颜色和光效应，因此碧玺内含物越少越好。晶莹无瑕的碧玺价值最高，而内部十分纯净的碧玺也比较难得，属于上品。含有许多裂隙和大量内含物的碧玺通常只用作玉雕材料，并常以其集合体作为原料。

　　另外，碧玺猫眼有特殊的猫眼效应，但是因为其眼线很难达到纤细如丝的程度，所以让人感觉粗糙，也影响了其价值。而在阳光下呈现黄绿色到褐绿色、白炽灯下呈橙红色的变色碧玺则是市场上很难见到的珍品。

蓝色碧玺胸花

G_{em} ▶▶▶ 碧玺的鉴别

和碧玺相似的宝石主要有红色尖晶石、粉红色黄玉、绿色蓝宝石、红柱石、绿色透辉石和一些经过优化处理的碧玺及人工合成的碧玺。要想将它们一一鉴别就要了解碧玺的基本特性。

与之相似的宝石可用折射率和密度加以区别。碧玺具有显著的多色性，转动宝石，肉眼可看到不同方向颜色的变化；高双折射率使得后刻面重影明显；特有的热电性会产生静电吸尘现象。

绿色碧玺吊坠

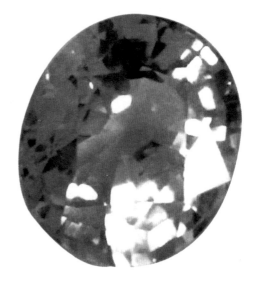

红色尖晶石

天然彩色碧玺配珍珠手链

8.18 克拉红碧玺吊坠

优化处理鉴别

碧玺的优化处理是为了改善其颜色和净度。方法主要有热处理、辐照处理、镀膜处理和充填处理四种。因为没有加入外来的物质，所以说经过优化处理的碧玺不能算是假冒产品，其特性没有发生任何改变。

与人工合成碧玺的鉴别

人工合成碧玺的密度要比天然碧玺低，一般为 2.90 克 / 立方厘米，所以可以采取重液的方法来鉴别。一般人工合成碧玺采用的方法是水热法，而且大多是祖母绿，所以在颜色上可仔细查看。

双色碧玺弥勒挂件

与天然相似宝石的鉴别

鉴别与碧玺相似的宝石，主要是鉴别与绿色碧玺、红色碧玺相似的宝石。冒充红色碧玺的宝石多为红柱石、尖晶石、红色托帕石，这些宝石的密度、折射率和二色性都和碧玺有所差异，因此可以用重液、折光仪等来鉴别。如在密度为 3.06 克 /立方厘米的重液中，红色托帕石与尖晶石迅速下沉，红柱石下沉速度略小于托帕石，而红色碧玺悬浮或非常缓慢地下沉。再如，在折光仪的观察下，因为碧玺的不同方向对光的吸收程度不同，所以从长的方向经常可见一些管状的包裹物或棉絮物，而在短的方向观察经常发现其颜色变深，可以此将碧玺和尖晶石、黄玉区分开。

另外碧玺有很强的二色性，可以此作为区分碧玺和橄榄石、绿色石榴石的依据。

G<small>em</small> ▶▶▶ 碧玺的选购与收藏

选购碧玺时，要尽量挑选内部干净的，这种碧玺属于上品，非常难得。

碧玺色彩缤纷，双色碧玺、多色碧玺、西瓜碧玺都十分珍贵，而具有猫眼效应的碧玺更是难得的佳品。若选择项链和手链，颜色越多越好，最好能搭配出多种不同的色彩。

近年来，碧玺这种新兴的宝石在国内崭露头角，价格不断攀升，越来越多的人想要收藏和投资碧玺，但并非所有的碧玺都具有收藏价值和升值潜力。碧玺与其他宝石一样，只有色级、净度、切工都达到顶级才具有收藏价值，其中以红碧玺、蓝碧玺、双色西瓜碧玺为佳。

西瓜碧玺手串   18K金钻石镶西瓜碧玺戒指

碧玺手镯

　　巴西产的高净度碧玺每克拉价值几千甚至
上万美元，极品碧玺不是一般消费者能买得起
的，而目前国内市场上出售的几百元或上千元
1克拉的碧玺没有收藏价值，只能作为普通的
饰品。目前人们对碧玺的认识还处于饰品阶段，
未形成收藏的氛围，不过其大红大紫的趋势已
然非常明了。

第八章

晶光闪耀的水晶

水晶的名称是由希腊文 Krystallos 演化而来的，意为"洁白的冰"。在中国，最古老的叫法是"水玉"；佛教弟子尊崇水晶为普度众生的"菩萨石"。这曾被认为是水凝成的精灵宝石，寓意着纯洁无瑕、坚贞不渝。

G em

G em ▶▶▶ 水晶的基本特征

　　水晶是一种无色透明的大型石英结晶体矿物，它的化学成分主要是二氧化硅，化学式为 SiO_2，由于含有不同的混入物或机械混入而呈无色、紫色、黄色、绿色及烟色等各种颜色。结晶完美的水晶晶体属三方晶系，常呈六棱柱状，水晶呈玻璃光泽，透明至半透明，硬度为 7，性脆，折射率为 1.544~1.553，比重为 2.65 克／立方厘米，色散为 0.013，水晶熔点为 1713℃，无解理，具压电性。

紫水晶簇

天然水晶心形吊坠

水晶具有星光效应、猫眼效应、砂金效应和晕彩效应。如紫水晶具有清楚的二色性，颜色较深，有时看不到明显的星光效应；但粉色的水晶则可以清楚地显示出六射星光的独特特征；带绿色的砂金水晶在长、短波紫外线照射下发出灰绿色荧光，具有猫眼、虹彩和砂金效应；芙蓉水晶的星光效应是最明显的，被业内人称之为"透射星光"。

天然粉晶吊坠

发晶手串

G水晶的产地
em ▶▶▶

　　世界上有 30 多个国家盛产水晶，主要产地有巴西、乌拉圭、南非等。其中巴西的紫水晶最为著名；乌拉圭的水晶颜色呈深蓝色，十分罕见；黄色水晶的产地主要有马达加斯加、巴西、西班牙等；粉水晶最著名的产地是巴西、马达加斯加、美国等；烟色水晶的主要产地有瑞士、西班牙、马达加斯加、津巴布韦和美国等。中国五台山出产的紫水晶较出名，其颜色为中度暗紫色，还带有强烈的红色辅色，能从内部发出红色和粉色光泽。江苏是中国优质水晶的主要产地，其中以东海水晶最为著名。

黄水晶雕件吊坠

星光粉晶吊坠

星光粉晶戒指

Gem ▶▶▶ 水晶的种类

　　水晶是一种古老的宝石品种，素有"水玉""水精""菩萨石"等美称。因为水晶往往为单色晶体，一般无色透明，少有紫、灰、黄、墨、茶色，所以水晶的品种主要是依据其颜色划分，同时也可按其包裹体及工艺特性划分为幽灵水晶、发晶、鬃晶、猫眼水晶、星光水晶、水胆水晶、砂晶等。

按颜色分类

白水晶

　　白水晶是石英的一种，透明无色、晶莹通透，白水晶在整个水晶的族群里来说，分布最广、数量最多、运用最广，被誉为"水晶之王"。白水晶的晶体形状多样，一般为块状、六角柱状、柱状群生的白晶簇等。大多数白水晶都有内含物，完全通透的白水晶是很难得的，其内含物多为冰裂、云雾等。市面上大体积的白水晶多为假货，尤其是白水晶球。

天然水晶手链

天然乌拉圭（偏蓝）紫水晶手链

玻利维亚紫黄晶雕件吊坠

紫水晶

　　紫水晶可以称为紫晶，是水晶家族里最为高贵美丽的一员。紫水晶的颜色从浅紫色到深紫色，可带有不同程度的褐色、红色、蓝色。现在的贵金属镶嵌已经不把紫水晶作为首选材料，但是它依然具有很强的生命力，在异形切割等方面被广泛使用。非洲等地产的紫水晶带有浓郁的蓝色调；巴西所产的高品质紫水晶呈较深的紫色，台面向下可观察到紫红色闪光。浅色的紫水晶则多被加热处理为黄水晶。

天然巴西黄水晶刻面手链

黄水晶

　　黄水晶也叫黄晶，同样是石英的变种，成分中含有微量铁，在宝石界被称为"水晶黄宝石"，硬度为7，是宝石中很少见的，也是单色水晶中价值最高的。黄晶的颜色以橘黄色为上品，大多为黄色，并带有褐、浅红、橙等多种色调，彩度和亮度都十分出色。黄晶在自然界出产较少，大多与紫晶或无色水晶晶簇伴生，仅巴西和马达加斯加拥有一定数量的优质黄水晶储备。

黄水晶貔貅吊坠

茶水晶

　　茶水晶又称烟水晶、墨晶，通常以带有棕褐色调的为佳。茶晶大部分呈六角柱体，跟其他的透明水晶一样，里面有时会有冰裂、云雾等内含物，有放射性，能量稳定。烟水晶不常被用作珠宝首饰，因为颜色不够鲜艳，但由于其特有的茶色，所以可以作为墨镜的镜片。

清茶晶人物大鼻烟壶

绿水晶

　　绿水晶古称青水晶，明人谷应泰所著赏石专著《博物要览》中形容水晶"其青者如月下白光"。绿水晶其实是无色的，之所以能够看到绿色都是因为绿泥石内含物所致，热销的"绿幽灵"也属此类。在自然界中几乎没有不含内含物的透明绿水晶。巴西米纳斯吉拉斯州所产的绿水晶，是紫水晶经地热影响而变成的绿色品种。市场上常见的绿色水晶大多是紫晶热处理成黄晶的中间产物。

绿水晶吊坠

黑水晶手串

黑水晶

黑水晶又称领袖石,跟黑曜石同样以消除负性能量著称,其主要化学成分都是 SiO_2。黑色一直给人神秘莫测的印象,在鲜艳明丽、色彩缤纷的珠宝界被视为"异类"。另外黑水晶有很强的吸附性,佩戴黑水晶据说能够提高身体免疫力,被称为"辟邪石"。

粉水晶

粉水晶学名芙蓉石,有普通粉晶、芙蓉粉晶、冰种粉晶、星光粉晶四种,因含有微量的钛元素而呈粉红色。粉晶原矿大多为块状,产于各地伟晶岩中,质地易脆,如果长时间在阳光下暴晒就会失去原有的光泽。佩戴粉水晶据说可平复紧张情绪,舒缓烦躁心情。

蓝水晶白金项链

蓝水晶

　　蓝水晶，属斜方晶系，硬度为 8，比重为 3.49，折射率为 1.63~1.64，结晶颗粒小，能量穿透性强，颜色与海蓝宝极其相似。佩戴蓝水晶据说可化解悲伤情绪，增强勇气和智慧。

红水晶

　　红水晶又称红兔毛水晶，也有人称其为"维纳斯水晶"。红水晶内含网状金红石，其网状细密像少女的发丝，柔柔缠绕。红水晶之所以没有很大的名气，完全是因为其产量稀少，价格昂贵。

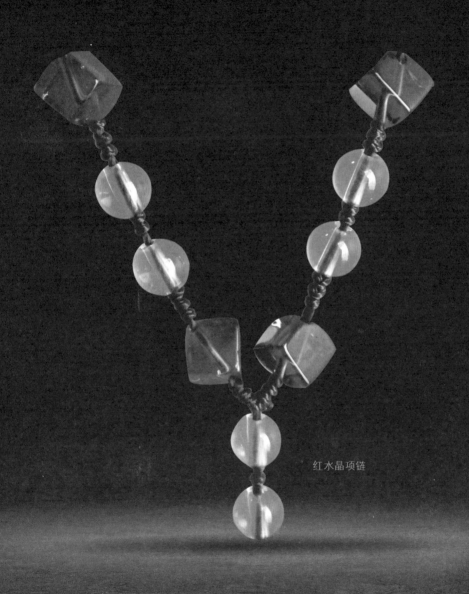

红水晶项链

水晶与中国文化

在中国古代的"风水学"上水晶被称作风水石，其颜色直接显示了五行中的能量。若是五行中欠缺某种元素或住宅风水缺少磁场能量，可选择对应的水晶来平衡磁场的能量。如古人认为黑水晶有辟邪的作用，而粉水晶则能加强桃花运。

我国古代医学认为人体有奇经八脉，经脉有轮，通过打坐、冥想、运气可以慢慢打通脉轮，让能量得以在体内顺利循环流动，对健康有很大的促进作用。明代著名医学家李时珍在《本草纲目》中记述，水晶"辛寒无毒"，主治"惊悸心热"，还能治疗"肺痈吐脓，咳逆上气"，能"安心明目，去赤眼，熨热肿""益毛发，悦颜色"。

同时，有些人认为水晶对运势、智慧的增长也有很大的益处。认为水晶具备能量，能够治疗疾病、消灾避难，还能提高免疫力，增强人的信心和勇气，甚至能够带来好运。

按包裹体分类

幽灵水晶

幽灵水晶内含火山泥和其他矿物质。白水晶在形成过程中因为火山爆发而包覆了火山泥，而包含绿色火山泥的则为绿幽灵，绿幽灵大部分是内部形成金字塔状或雾状层次的水晶，雾状层次为绿色。如果包含物为一种以上的话则为异象水晶，由于异象水晶内部包含的矿物质或火山灰泥都是经过千万甚至亿万年接受高温高压的淬炼物质，所以异象水晶的能量相对较大。

天然红绿幽灵水晶手链

天然彩发晶手链

发晶吊坠

发晶

　　发晶即包含了不同种类针状矿石内包物的天然水晶，这些排列组合不同的毛发针状矿物质分布在水晶的内部，看起来像是水晶里面包含了发丝一样，故名为发晶。发晶内部的矿物质有氧化钛、金红石、黑色电气石、阳起石。因包含矿物质的不同发晶所呈现的颜色也不同，例如含有金红石的发晶就会形成钛（金发）晶、红发晶、银（白）发晶、黄发晶；含有黑色电气石的是黑发晶；而含有阳起石的大部分会形成绿发晶。

钛晶

钛晶和发晶在本质上是一样的，其内含物为针状发丝型的金红石。自古以来，钛晶多用在科学器材上，如航天飞机、医疗器械、通信器材等。第二次世界大战时，钛晶被列为军方重要物资。钛晶产量稀少，巴西北部的巴依亚州已经被禁止开采，所以优质的钛晶是现今最珍贵的水晶类宝石之一，也是收藏家的至宝。钛晶的能量也是发晶族群里最大的，象征吉祥、富贵。

钛晶手链

· · · · · · ·

G水晶的评价标准
em ▶▶▶

对水晶进行评价主要依据其颜色、透明度、大小、净度、特殊图案及是否有光学效应等。其中紫晶最为珍贵，其次为黄晶、烟晶、无色水晶和芙蓉石。

颜色

一般而言，以颜色纯正、鲜艳浓郁，内部无瑕为好，如紫晶、黄水晶价格就高。水晶的颜色包括两种：一种是内含物的颜色，一种是自身的颜色。紫水晶一般以稍有云状物、颜色深紫、晶体通透的为上品。无色水晶内含包裹体的颜色越艳丽，价格就越高，如绿幽灵、钛晶、红兔毛。

烟晶

绿幽灵

红幽灵吊坠

透明度

透明度直接决定了水晶的品质，越是透明的水晶，价值就越高。好的水晶晶莹剔透、光辉耀眼。透明度高的水晶能提升颜色的艳丽程度，反之则会使水晶显得呆板无灵性。熔炼水晶要求透明，可有较多裂纹；工艺水晶要求透明、少裂、少瑕疵；光学水晶要求全透明、无双晶、无杂质。三者价值依次增高。

特殊图案及包裹体

水晶中包含的特殊图案和形态奇妙的包裹体也会提高水晶的价值。图案越美观、越有意境越好，如风景水晶、幽灵水晶或者针状包裹体呈束状排列的水晶，它们的价值都高于普通的水晶。发晶也因为细如发丝的针状内含物而受到人们的喜爱。水胆水晶则含有水或其他微粒的气泡，转动水胆水晶，水竟能在晶体中流动，甚是奇特。

体积、重量

水晶的价值还与其体积、重量有关。同样的颜色和净度级别，体积越大越难得。有时候质量小而体积大的晶体，价值也能超过优质的小块水晶。

净度

颜色并不是评价水晶价值唯一的标准，净度对于水晶来说同等重要。质量好的水晶首先要选料精良，质地纯净、光润、晶莹，结晶晶体大，外形完整，看不到星点状、云雾状和絮状分布的气液包体。单色的水晶颜色要鲜艳，若同一块水晶上颜色有深有浅，则色调纹路美观大方的才是上等品。无色水晶以晶莹美丽、洁净透明著称，净度对于无色水晶尤其重要。

幽灵异象

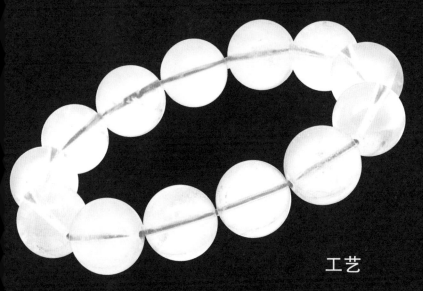

天然黄水晶手链

工艺

水晶虽然不是名贵宝石，不能和钻石、红宝石、蓝宝石相媲美，但是构思巧妙且加工精细的水晶同样具有很高的价值。

粉嫩水滴蛋面星光粉晶手链

水晶的功效

有些人认为，佩戴白水晶有助于提高记忆力和理解力，但不可放在枕头下方，以免造成失眠。

佩戴紫水晶有助于消除脑部谜思、看清事实、获得真知、通达智慧，还能带来温暖、喜悦以及富有灵性的幽默感。女士佩戴紫水晶更能显示其高贵、优雅的气质。

佩戴茶水晶的手珠，尤其是戴在左手，可以去除烦躁、使人沉稳，更有助于提高工作效率。茶水晶还能加强人体免疫系统功能，促进再生，延缓衰老，焕发青春。

佩戴绿发晶的男士借助阳起石及天然水晶的双重能量，有助于性功能的加强。

佩戴天然红水晶能改善体内循环，对妇科疾病有很好的疗效。女性经常佩戴，皮肤会变白皙，有美容的功效。

G水晶的鉴别
em ▶▶▶

　　天然宝石中能够冒充水晶的有无色长石、方柱石、托帕石、玻璃，市场上也出现了很多人工合成水晶，要想鉴别水晶的真假就要了解水晶的基本特征。合成水晶一般为柱状、板状晶形，而无天然常见的六方柱状，在合成水晶中有一些类似面包渣的内含物，可以在放大镜下观察；另外，天然水晶不管处在多热的天气下，用舌头舔都能感觉到凉；在偏光镜下观察，天然水晶在转动时会出现似明似暗的现象；最有趣的是用头发丝也能鉴别其真假，仅限于正圆形水晶球，将头发丝放在水晶球的下方，若能看见双影的则为水晶，这种方法依据的是水晶的二色性，不过只能用来鉴别玻璃，却不能区分熔炼晶。此外还可以用二色镜、热导仪等来区分。

18K 铂金红碧玺戒指

Gem ▶▶▶ 水晶的选购与收藏

　　水晶原石的价格在一定时间内存在较大的上涨空间，是投资的好选择。水晶的价值根据品质、块体的大小、美感和产量多少的不同而存在较大差异。真正具备收藏价值的水晶只有少数几类，比如古董水晶、水晶原石、现代水晶工艺品。由于天然水晶的开采和制作原因，没有瑕疵的水晶很难得到。水晶原石只要在图案、造型、包裹体、色彩、大小、纯净度等方面有特色都可以进行收藏，如果能收藏到精品，其升值空间预计会非常大。

　　目前，在我国的市场上水晶主要用来制作简单的配饰或手串，根据质量的优劣和颗粒的大小，其价格也各不相同，大约为几十元至一两百元一串；晶簇则根据紫晶晶体的颜色与大小、晶簇的完整性与美观性以及产地的不同等，价格的差异也很大，有的每千克一两百，而有的则要上千元。

清水晶雕灵芝耳螭龙瓶

清水晶雕夔凤纹活环方瓶

虹彩水晶

当前，市面上畅销的水晶有水胆水晶、金丝发晶、银丝发晶、虹彩水晶、动物水晶及风景水晶等。与翡翠玉石等收藏投资领域相比，水晶的购买成本相对较低，鉴别相对简单，收藏更容易入手，同时可以为收藏者带来很多精神上的享受，只要藏品精良，也可以达到保值增值的目的。

绿发晶伴生绿碧玺挂坠

水晶头骨

　　1924 年，一位 17 岁的少女跟随做考古工作的父亲在现今的伯利兹对玛雅文化遗址进行研究，少女无意间在卢班图姆发现了一个 3.6 万年前的头骨，这个头骨晶莹剔透，是用一块水晶雕琢而成，可以说是到现在为止发现的最精妙的一个水晶头骨。神奇的是，这个水晶头骨的下颌骨还能活动，无法想象古代人是怎样用自己的智慧制造而成的。20 世纪 70 年代初期，惠普公司在反复研究后认定，这只水晶头骨可能经过了 300~800 年不停打磨才达到现在这样的精致和光滑。这样的结果不禁让我们感叹，现代高科技都不能完成的作品，古人类到底是用了什么样的方法完成的呢？到目前为止，全世界共发现了 21 个水晶头骨。科学家们推测，以前的水晶头骨可能是祭祀用品。

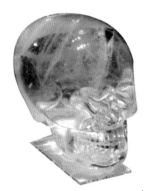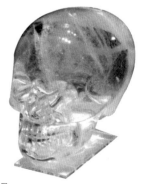

水晶头骨

第九章

" 与众不同的欧泊

很久以前，人们对欧泊的看法存在很大的差异，有的人认为欧泊能够治疗眼疾，而有的人则认为欧泊会带来厄运，不管这些说法是否正确，有一个不争的事实就是：欧泊是一种珍贵的宝石，优质欧泊的价格仅次于钻石、红宝石和祖母绿，且无论是谁都会被欧泊奇异的颜色所吸引。

Gem

"

天然欧泊石配钻石项链

G 欧泊的基本特征
em ▶▶▶

　　欧泊的矿物学名为"贵蛋白类"。其表面颜色灵动，化学成分为 $SiO_2 \cdot nH_2O$，摩氏硬度为 5.5~6.5，相对密度为 1.98~2.50，折射率为 1.37~1.52。但欧泊是不结晶的胶冻，是由含水的硅酸盐组成，宝石中含有 5％~30％的水，含水多者，折光率、密度和硬度都会降低。欧泊产在沉积岩的孔隙中，如在铁矿石和砂岩中，或者充填在岩浆岩脉中。欧泊还可能成为石化物质，取代贝壳、树木和骨头中的有机成分。

G em ▶▶▶ 欧泊的产地

　　20世纪前，欧泊的主要产地是捷克和斯洛伐克。目前，欧泊的主要产地是澳大利亚、巴西、印度尼西亚、埃塞俄比亚、洪都拉斯、秘鲁、墨西哥、日本、俄罗斯和美国。优质欧泊产于澳大利亚南部，而且澳大利亚南部还是美丽的黑欧泊的唯一产地；安第斯欧泊颜色为明亮的绿松石色，通常不透明；埃塞俄比亚的欧泊呈金蜜色体色，可呈现非常华丽的晕彩，但是这种宝石很昂贵，现在不易购得。此外，美国的俄勒冈州及巴西、坦桑尼亚均有欧泊出产，但产量及质量都远不及澳大利亚。

欧泊裸石戒面

欧泊 18K 金镶钻孔雀形吊坠

G em ▶▶▶ 欧泊的种类

　　欧泊按其有无"变彩"功能分为两大类：一类是没有"变彩"的普通欧泊，一类则是具有"变彩"的贵蛋白石。而颜色则可以分为单彩、三彩、五彩。根据基本颜色的不同，欧泊有白欧泊、黑欧泊和火欧泊三种。欧泊的分类方式繁多，下面我们将按其基本分类来一一介绍。

白欧泊

　　白欧泊在紫外线的照射下，会出现淡蓝或淡绿色荧光。其基本颜色有透明无色、蛋白色、浅黄、浅灰、浅蓝、浅蓝灰等。白欧泊在琢磨成半球状宝石后，表面会浮现出五颜六色的变彩。

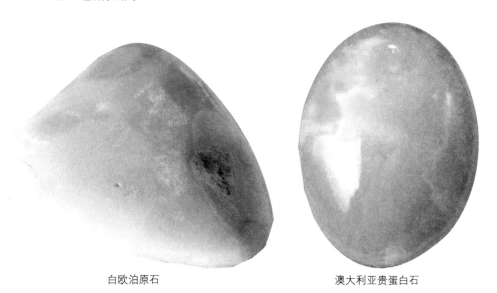

白欧泊原石　　　　　　　　　　　　　　澳大利亚贵蛋白石

天然欧泊

黑欧泊

黑欧泊在紫外线的照射下，不发荧光。基本颜色是黑色，也包括深蓝色、深灰色、褐色、暗绿色等。黑欧泊产量稀少，是欧泊中最名贵的品种。黑欧泊还有贵黑欧泊、半贵黑色欧泊之分。

贵黑欧泊有黑色的底色，可呈深灰色、深蓝色、深绿色或灰黑色；半贵黑色欧泊，又称为"果冻"欧泊，透明的蓝灰色底部呈现琥珀色体色，可显出非常漂亮的蓝紫色晕彩。

黑欧泊

欧泊石 18K 铂金戒指

火欧泊戒指

火欧泊

　　火欧泊没有变彩，颜色从黄色到红色都有，最常见的是橙色到红色。火欧泊为半透明至全透明，优质的火欧泊全透明，具有玻璃光泽。火欧泊既可以琢磨成弧面石，也可以琢磨成棱面石。颜色品质好的大颗透明的火欧泊在明亮的光线中有时有一点变彩的迹象，相对来说价值也要高一些，但是价格远远低于前两类。

G欧泊的评价标准
em ▶▶▶

评价欧泊的质量主要从下列几个方面考虑，即欧泊的颜色、种类、变彩、颗粒、切工等，其中颜色是评价其质量的最重要因素。

颜色及种类

在各个品种的欧泊中，最昂贵的欧泊颜色是红色、黄色、绿色，蓝色比较普通，价格也相对较低。火欧泊中以樱桃红色最佳，其他颜色次之；白欧泊以纯白色为佳，灰白、乳白较差；黑欧泊中以纯黑体色者为上品，蓝、绿次之。

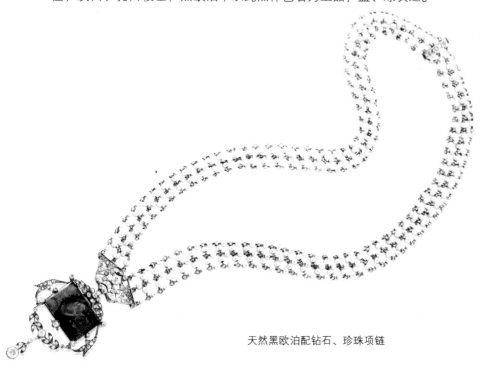

天然黑欧泊配钻石、珍珠项链

60.83 克拉天然欧泊配钻石、蓝宝石、月
光石吊坠

变彩效应

一般来讲，欧泊的变彩数目越多、变彩强度越大，其价值越高。为了评价欧泊
变彩的均匀性，需要将宝石 360 度旋转，优质的欧泊会出现七彩：红色、白色、紫色、
橙色、黄色、蓝色和绿色，而且转动玉石时色斑变化强烈并且有层次感。

体积

欧泊的价格计算和翡翠不同，和钻石相同，都用克拉作单位，因此欧泊的体积
越大越好，一般超过 2 克拉的就比较珍贵了。

切工

欧泊以椭圆弧面形琢型最受欢迎。大块优质的收藏品，往往只需经过抛光即可。弧面的高低要适宜，太高会减少变彩且浪费材料，太低则容易破裂。弧面必须均匀，抛光要良好，且外形轮廓要具有良好的对称性。

火欧泊玉兰吊坠

欧泊的保养

欧泊的硬度低、易磨损，所以在佩戴过程中要非常注意，不能碰撞；避免阳光照射，因为在暴晒中，欧泊会失去水分，其彩色也会随之消失，若遇到这样的情况，可以将欧泊放在水或油中，有可能会恢复其色彩。日常保存欧泊时，应将它包在浸透水的脱脂棉中或泡在净水中。泡水的欧泊在未拭干之前，外观彩色可能有所改变，待正常晾干后，它会逐渐恢复原状。另外，欧泊应避免漂白、接触化学品和超声波清洗，也不可和其他宝石放在一起。

欧泊吊坠

G em ▶▶▶ 欧泊的鉴别

　　欧泊的"变彩"特征是一般廉价宝石或劣质宝石所不具备的，所以欧泊的天然替代品很少，目前市场上可见到的欧泊品种除天然欧泊以外，还有人工合成欧泊、组合欧泊、人工处理过的欧泊和玻璃等。

合成欧泊的鉴别

二层石

二层石顶面用质量好的欧泊，识别二层石最好的方法是观察宝石的侧面。二层石的侧面必然有颜色突变之处，即上部薄层有美丽多变的变彩，可是经过侧面中部某一界线后，变彩就会完全消失。而变彩突然消失处的界线，就是黏合接触线。另外，二层石的上层表面都很平坦，或仅略凸出，而纯欧泊宝石的表面有明显的凸起。

马蹄莲欧泊珍珠胸花

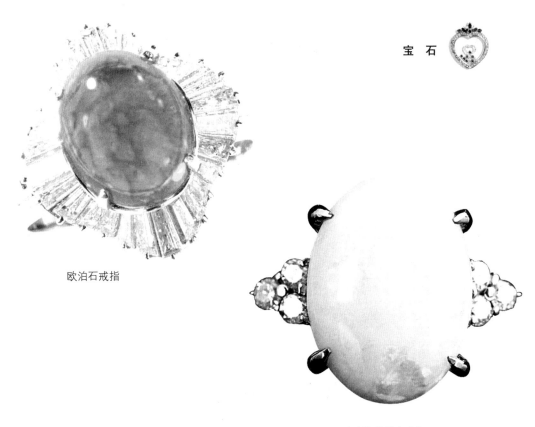

欧泊石戒指

欧泊镶钻黄金戒指

在强光下,用放大镜透过宝石表面,看它内部有无黏合面处的气泡,有时是一粒粒孤立闪光的圆球,有时像压扁了的圆饼。若有,则证明为二层石。还可以用强光透射欧泊宝石,在另一头用放大镜观察,如果欧泊半透明或有些浑浊,则为二层石。

三层石

三层石中间用天然欧泊,其他层用黑色玛瑙、劣质欧泊、无色石英和玻璃等用胶粘住。鉴别组合欧泊时要注意以下特征:接合面光泽变化、胶合面内有气泡、黏胶硬度较低。

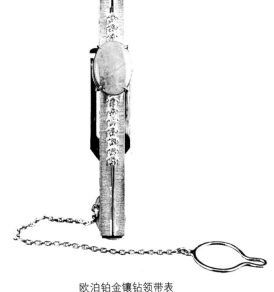

欧泊铂金镶钻领带表

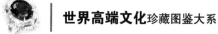

手袋系列之 S925 银合成欧泊

欧泊石镶金工艺吊坠项链——"石潭秋色"

与人造欧泊的鉴别

人造欧泊又叫合成欧泊，在放大倍率（十几倍）的显微镜下观察，可看到宝石表面有一种鱼鳞似的难看的结构，叫"蜥蜴皮构造"。天然欧泊弧面石表面上显现有彩色斑块，彩色斑块的边缘比较光滑平直，色块内部常有细直的平行纹，有些像斜长石的聚片双晶。人造欧泊有鲜艳的五色变彩，与天然的贵蛋白石很相似，由于生产技术要求很高、时间也很长，因而比较昂贵。

天然欧泊和相似宝石的鉴别

　　天然欧泊具有特殊的变彩效应，彩片是呈两头尖的纺锤形，还有明显的吸水性。在天然的宝石中能用来冒充欧泊的只有海蓝宝石。

欧泊宝石烟壶

欧泊石 K 金镶钻吊坠项链——"海之恋"

欧泊和海蓝宝石的鉴别

　　首先欧泊有变彩效应，而海蓝宝石不具有这一特殊光学效应。再者海蓝宝石具有明显的二色性，有浅蓝和深蓝的变化，而欧泊除了不同方向上看到的变彩颜色不同之外，本身的蓝色是不会有变化的。另外欧泊的硬度比水晶低，而海蓝宝石的硬度高于水晶，找一块水晶来刻画的话，海蓝宝石可以在水晶面上划出痕迹而本身不受影响，欧泊则不能。还需要注意的是，同样大小的海蓝宝石和欧泊，海蓝宝石要偏重一些。

海蓝宝石手链

欧泊的厄运

在西方国家，欧泊一直被误解为邪恶的石头、罪恶的化身，会给人带来厄运和疾病。11世纪，雷恩的玛博德教皇曾描述欧泊："它是盗窃者的守护神，在乌云密布的夜它给予偷盗者敏锐的视觉却挡住了其他人的眼睛。"这个说法源于当时的一个传说：一位为皇家制作首饰的金匠在制作欧泊首饰时不小心损坏了昂贵的欧泊，路易六世大发雷霆，于是就下令砍了那位金匠用来做工的手。从此人们就将这个金匠的不幸都归结在欧泊的身上。

在沃尔特·斯科特阁下的小说《吉尔斯坦的圣安妮》的最后，欧泊再次被误解成厄运的传播者。小说中结尾的情节把欧泊与厄运联系在了一起——女主人公被施予魔法，当她轻触圣水时，胸前神奇的欧泊失去了颜色，而最后她却死了。

G欧泊的选购与收藏
em ▶▶▶

欧泊的收藏是现今投资中比较常见的一种，很多收藏家会选择欧泊原石。市面上出现的翠博莱欧泊、德博莱欧泊是一种半仿的欧泊，之所以叫作半仿，是因为这两种宝石是在黑色的背景衬石上黏合上很少很薄的天然欧泊，使欧泊颜色更深、色

欧泊镶钻戒指

彩更明亮。原欧泊中的黑欧泊是欧泊中的皇族，形态特别，产量稀少，是很好的收藏品。烁石欧泊，作为黑欧泊的姊妹宝石鲜为人知，由于硅石薄薄地包裹在铁矿石上，整个欧泊中包含了很多铁矿石的重量，因此烁石欧泊的价格要比黑欧泊便宜。白欧泊，有像牛奶一样的胚体色调，是收藏家所追捧的对象。水晶欧泊有漂亮的颜色，所以十分昂贵，譬如"水晶黑欧泊"，这种欧泊更是收藏和投资的不二选择。

欧泊项链吊坠

第十章

"历久弥新的珊瑚

Gem

珊瑚是宝石中唯一有生命的，被人们称为"千年灵物"。珊瑚同珍珠、琥珀一起并称为三大有机宝石。有人赞美珊瑚是大海的精灵，有人认为珊瑚为大地之母。无论如何，珊瑚的魅力都是不可抵挡的。

● ● ● ● ● ● ●

G珊瑚的基本特征
em ▶▶▶

　　珊瑚，英文名为 Coral，来自拉丁语 Corrallium。"珊瑚虫"是一种生长在温暖海洋地区的圆筒状腔肠动物，珊瑚是珊瑚虫分泌的钙质骨骼。古代把珊瑚列为七珍八宝之一。珊瑚的化学成分主要是 $CaCO_3$，珊瑚呈玻璃光泽至蜡状光泽，不透明至半透明，折射率为 1.48~1.66，密度为 2.6~2.7 克 / 立方厘米，摩氏硬度为 3~4，无解理，参差状断口，角质型珊瑚断口为贝壳状至参差状。珊瑚性脆，遇盐酸强烈起泡，遇高温或火焰易变黑，无荧光。

小颗粒珊瑚手串

红珊瑚挂件

　　珊瑚多呈树枝状，也有扇状、笙状、蜂窝状等。我们所说的珊瑚一般情况下指的是红珊瑚，红珊瑚的柱状表面或纵切面上有明显的平行条纹，颜色和透明度略有不同，而横切面上则表现为放射状和同心圆状构造，从而形成珊瑚独特的鉴别特征。

　　珊瑚在形成过程中因为掺入的矿物质不同而产生各种不同的颜色。总的来说，珊瑚分角质型和钙质型两大类。

　　角质型珊瑚，又叫活珊瑚，几乎全部由有机质组成，密度为 1.30~1.50 克 /

红珊瑚串珠

红珊瑚镶白玉小串珠

立方厘米，平均为 1.35 克 / 立方厘米，蜡状至油脂光泽，不透明至半透明。角质珊瑚的折射率为 1.56，无多色性，有黑珊瑚和金黄色珊瑚两种。

钙质型珊瑚，主要成分是碳酸钙、碳酸镁、氧化铁等无机物和角质蛋白等有机物，并含有锶、锰等 10 多种微量元素和 14 种氨基酸。钙质型珊瑚密度为 2.6~2.7 克 / 立方厘米，一般为 2.65 克 / 立方厘米，不透明，钙质珊瑚的折光率为 1.486~1.658，点测法约 1.65，双折射率不可测；在长、短波紫外线下，钙质珊瑚无荧光或呈现弱的白色荧光。矿物成分有两种类型：一种以微晶文石集合体形式存在，是白珊瑚的主要矿物成分；另一种以微晶方解石集合体形式存在，是红珊瑚的主要矿物成分。

G珊瑚的产地
em ▶▶▶

全世界只有三个地方出产珊瑚。一个是太平洋中途岛附近海域；一个是欧洲地中海撒丁岛附近海域；还有一个就是中国的台湾海域。

其中中途岛的珊瑚叫作"深水珊瑚"，因为它们都生长在水面 1000 米以下，形状多呈扇形，一般重量在 5000 克以下，5000 克以上就算是较大枝。小枝高 30 厘米，主干径 3 厘米；大枝高 1 米以上，主干径在 7 厘米以上的就已经很名贵了。不过这个海域的珊瑚已经被完全禁止开采很多年了。

灯泡珊瑚

突尼斯珊瑚

红珊瑚手链

中国台湾海域中所产的红珊瑚是世界上最好的，主要品种有"阿卡"和"么么"。"阿卡"是所有红珊瑚中品质最好的，其最大特点是有"白心"，适合做成雕刻、挂件、半孔珠及戒面，不适合做成圆珠项链。地中海的珊瑚叫"沙丁珊瑚"，没有白心，其品质和色泽与"阿卡"相似，又因为大部分为意大利人经营，所以也叫"意大利珊瑚"。

意大利珊瑚　　　　　　　　　　　澎湖列岛珊瑚

G珊瑚的种类
em ▶▶▶

珊瑚的颜色多为白色、奶白色，其次为红色（浅粉红至深红）、橙色和金色，蓝色、黑色不多见。

红珊瑚

红珊瑚是珊瑚中最贵重的，光泽滋润，呈油脂状，红色外皮鲜艳明快，有"千年珊瑚万年红，万年珊瑚赛黄金"的说法。红珊瑚是珊瑚在生长过程中吸收海水中1％左右的氧化铁而形成的，化学成分主要是 $CaCO_3$，矿物成分以微晶方解石集合体形式存在，还有一定数量的有机质，断口平坦。每个单体珊瑚的横断面有同心圆状和放射状条纹。中心为白色，逐层颜色也略有深浅变化，如同树干年轮纹理，外表拧丝状，剖面同心圆状。红珊瑚以红色、粉红色、橙红色最为珍贵，是我们通常所说的宝石级和收藏级的珊瑚。

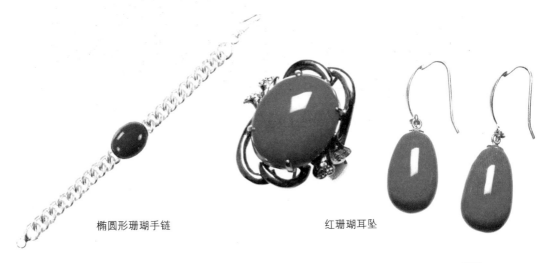

椭圆形珊瑚手链   红珊瑚耳坠

浅红色珊瑚

　　浅红色珊瑚俗称"孩儿面"，整枝全有如指纹的放射状细纵纹。枝干没有太大的，有小虫蛀蚀的痕迹，并且比较严重。在枝干上的包内蜂窝状较多。小枝茂密，每一梢头的白心全通主干，两个主干是长在一起的。

红珊瑚镶钻石胸针

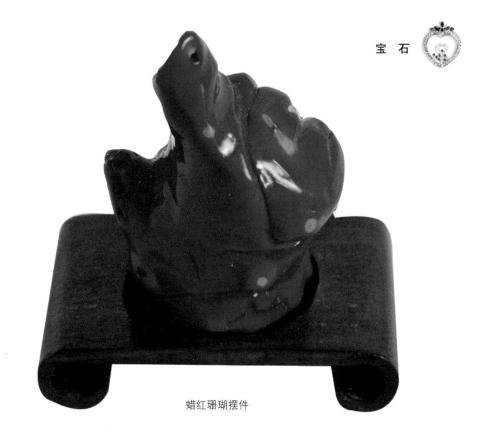

蜡红珊瑚摆件

蜡红珊瑚

　　蜡红珊瑚呈暗红色，又称"油炸鬼"。质地细腻，枝面光滑无纹，性脆，硬度略高，枝干较粗，比红珊瑚的枝干要稀疏，白心一般分布在枝干的正中。

白珊瑚

　　白珊瑚是在形成过程中掺入了较多的镁，纯净的白珊瑚价值很高，但是很难见到。白珊瑚与红珊瑚相反，外表为白色，内层是红色，断口平坦，有红心点和梢头。有时候还能看见红珊瑚和白珊瑚共株的现象，这种珊瑚叫作梅花状珊瑚。

蜡红珊瑚戒指

G em ▶▶▶ 珊瑚的评价标准

· · · · · · ·

珊瑚的品质评价依据和其他宝石是相似的，主要以块度、颜色、质地和做工精细程度作为评价和判定的依据和准则。

块度

块度越大越好。如今，较大的红珊瑚艺术品非常少见，只有在一些大型拍卖会上，偶尔会出现一两件价格不菲的较大的红珊瑚艺术品。据研究资料显示，红珊瑚虫生长速度极为缓慢，需要生长 10~12 年才能繁殖后代，珊瑚虫群体一般每年生长不超过 1 厘米，成活 7 年以上的群体，其主干也不足 1 厘米，故有"千年珊瑚万年红，万年珊瑚赛黄金"的说法。目前市场上的珊瑚都是论克卖，根据块度大小和质量高低，一克从几十元到几百元人民币不等，高的可达几千元人民币。

珊瑚配件　　　　　　　　　　　　　珊瑚摆件

颜色

　　颜色对于珊瑚来说尤为重要，一般遵循有颜色的比白色的价值高。珊瑚对颜色要求为纯正、艳丽，以红色为最佳，颜色越红越正越好。我国台湾地区所产的红珊瑚颜色较深，被称之为"阿卡红"，暗红色的被称为"蜡烛红"，肉红、橘红被称为"么么红"；地中海沿岸的撒丁岛出产大红色珊瑚，颜色为桃红、粉红，质地细腻的被称为"孩儿面"，颜色大红的被称为"关公脸"。白珊瑚以纯白色为最好，粉白色被叫作"天使白"，金珊瑚和黑珊瑚也很名贵。一般认为阿卡红是珊瑚最高级别的红色，粉红、橘红也是不错的，可根据个人爱好选用。

　　珊瑚的价值受各个地方习俗的影响，如阿拉伯人偏爱鲜红色，而欧洲流行粉红色。在国际市场上，红珊瑚的颜色在价格上有一个比较公允的标准：阿卡红 > 沙丁红 > 么么红 > 粉红 > 粉白 > 白色。

珊瑚摆件

质地

致密坚韧、无瑕者为好，有白斑、白心者为次，有虫穴、多孔、多裂纹者价值更低。造型美观、雕工精细的价值高。

光泽

光泽也是判别珊瑚品质的一个重要准则，没有光泽或光泽暗淡的珊瑚，颜色再红、加工再好也没有用。高品质的珊瑚一定具有很强的光泽，最好可达到玻璃光泽。活体珊瑚光泽明亮，死体珊瑚光泽暗淡。

清末珊瑚雕仕女童子

G em ▶▶▶ 珊瑚的鉴别

近年来，由于红珊瑚饰品在收藏市场不断走红，市面上出现了一些用其他材质冒充珊瑚的现象。如用低档海绵珊瑚、海竹珊瑚仿制高档红色贵珊瑚，用粗劣的染色大理岩、粉红色玻璃、粉色塑料冒充珊瑚，还有用人造材料合成珊瑚等。

对于红珊瑚的原料或原石来说，鉴定是比较容易的。红珊瑚特有的树枝状形态和条带状纹理是其他宝石、玉石所没有的，但加工成项链、戒指等成品后就较难鉴别了。

与天然珊瑚相似的还有一些仿制品和经过优化处理的珊瑚、合成珊瑚。与珊瑚相似的有染色的大理岩、染色的骨制品、染色贝壳、海螺、珍珠、吉尔森珊瑚、粉红色的玻璃及塑料等。

极品辣椒红珊瑚项链

金红珊瑚耳环

合成珊瑚、处理珊瑚的鉴别

合成珊瑚的鉴别

合成珊瑚具微细粒状结构，没有天然珊瑚所特有的颜色，或呈透明度略有差异的条带状结构，密度比天然珊瑚略小。

漂白珊瑚的鉴别

有些珊瑚是死珊瑚，颜色浊黄，品相不好，一般要用双氧水漂白，改善颜色。经过漂白、染色和充填处理，可提高品相。漂白珊瑚是正常工序，并不构成作假。

合成珊瑚雕刻花篮

清代红珊瑚釉描金喜字碗

填充珊瑚的鉴别

填充珊瑚多是多孔的劣质珊瑚，一般用环氧树脂等进行填充，可提高品相。经过填充处理的珊瑚比重一般低于正常珊瑚，用热针探测，会有树脂状物质吸出，或可闻到树脂的气味。

红珊瑚与染色珊瑚的鉴别

由于红珊瑚的价值高，市场上有用大量染色的珊瑚来冒充天然红珊瑚的情况。染色的红珊瑚与天然的红珊瑚在结构和密度等一系列性质上是完全一致的，一定要注意区分。

具体鉴别方法是：染色红珊瑚的颜色过浓，且色彩分布不均匀，表里不一，颜色外深内浅，染料集中于裂隙和孔洞中。用蘸有丙酮的棉签擦拭，若棉签被染色，即可确定为染色珊瑚。

珊瑚与相似品的鉴别

红珊瑚与染色大理岩的鉴别

　　染色大理岩的折射率为 1.48~1.5，密度为 2.70 克 / 立方厘米，硬度为 3，颜色分布在颗粒的缝隙中，呈均匀的红色，具有粒状结构，横断面无同心圆状构造，无不均匀条纹。从其横切面和纵切面的结构特点来鉴定，天然珊瑚具放射状、同心圆状结构，平行波状条纹和小丘疹状外观。如果滴盐酸，染色大理岩与盐酸反应有红色的泡，而天然珊瑚为白色泡；用棉签蘸丙酮擦拭染色大理岩，棉签上呈现红色。

珊瑚雕刻　　　　　　　　　　　　　　　　　染色大理岩

红珊瑚与染色骨制品的鉴别

　　染色骨制品，常见的是用牛骨、驼骨、象骨等动物骨头染色或涂层后仿制的珊瑚。骨制品性韧，断口是参差不齐的锯齿状，颜色表面深、内部浅，显得十分呆板，并且会掉色，不透明，折射率为 1.54，密度为 1.70~1.95 克 / 立方厘米。可用以下方法进行区分：珊瑚能与稀酸反应，骨制品不能；纵切面，珊瑚是连续的波纹状纹理，骨制品是断续的平直纹理；横切面上观察，骨制品具有圆孔状结构，珊瑚具有放射状、同心圆状结构。此外，珊瑚的颜色为天然的、透明的红色。尤其在饰品的钻孔处观察，孔壁是白色的。且珊瑚具有白心、白斑、虫穴的特点。

银嵌红珊瑚花胸针

银嵌红珊瑚胸针

红珊瑚与红玻璃的鉴别

红色玻璃折射率为 1.635，密度为 3.69 克 / 立方厘米，贝壳状断口，硬度大。玻璃仿珊瑚具有明显的玻璃光泽，放大观察内部有气泡、旋涡纹，遇盐酸不起泡，没有珊瑚的结构特征。

红玻璃

红珊瑚与红塑料的鉴别

塑料仿珊瑚表面不平整，折射率1.49~1.67，密度只有1.05~1.55克/立方厘米，硬度低。塑料制品染色成红珊瑚，重量轻，易褪色，无自然纹理与光泽。且塑料不具备珊瑚所特有的条带状构造，有使用模具留下的痕迹，遇盐酸不起泡，用热针扎具有辛辣味。

红珊瑚与贝壳的鉴别

贝壳折射率1.486~1.658，密度2.85克/立方厘米。贝壳具有层状构造、珍珠光泽，染色后颜色聚集在层间，具有晕彩。

18K黄金镶嵌红珊瑚配
钻石项链、戒指套装

红珊瑚蝴蝶

红珊瑚与海螺珍珠的鉴别

　　海螺珍珠密度为 2.85 克 / 立方厘米，比珊瑚要大。其颜色和外观与珊瑚很相似，放大观察海螺珍珠有明显的粉红色或白色，呈层状分布，而且具有火焰状图案。

红珊瑚莲花手链

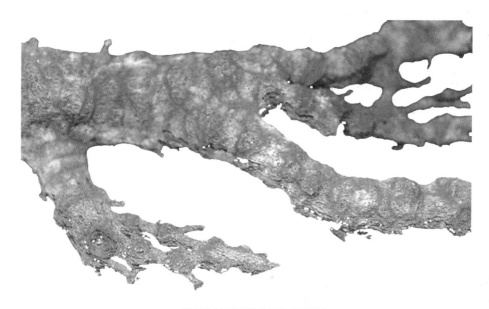

现代海竹珊瑚原枝摆件（局部）

清铜鎏金龙纹嵌珊瑚带扣

红珊瑚与海竹珊瑚的区别

目前市场上大部分染色珊瑚是由海竹珊瑚染色而成，有红色、黄色、橙色。海竹珊瑚染色的饰品颜色鲜艳呆板，透明度差，有明显突起的纵纹，有的甚至在表面涂一层类似油漆的东西，用光滑的表面将海竹纹理覆盖住。鉴定方法：价格便宜，颜色浓，染色不均匀，染色较薄的地方露出内部浅色的纹理或枝体。

G珊瑚的选购与收藏
em ▶▶▶

　　珊瑚是富贵的象征，在古代只有皇家和贵族才有资格佩戴、收藏。如今，社会进步，生活富裕，宝石等一些奢侈品也渐渐走进普通百姓的家中。对于珊瑚来说，要收藏一件上品并不容易。因为珊瑚本身产量稀少，且一般为小枝，很少见到大的珊瑚。天然的珊瑚总有一些瑕疵和缺陷，因此说珊瑚也分不同的级别，要想收藏或购买一件上好且满意的作品就要先了解珊瑚的瑕疵和级别。

浅红色珊瑚项链

珊瑚常见瑕疵及缺陷

珊瑚常见的瑕疵一般有四种：颜色分布不均匀、光泽暗淡、表面有裂缝、表层有小洞。一般珊瑚上面都有一些白色斑点、白心或黑点，加上海水的腐蚀也经常会导致一些裂纹和孔洞，珊瑚上会有一些小虫寄生，因此经常会看见珊瑚枝上有小洞。

红珊瑚质量分级

对于珊瑚的收藏来说，一般都是专指红珊瑚，而红珊瑚也有不同的等级，并且在市场上的等级分类也不相同。有根据意大利市场分级，也有根据其质量分级，还有其他各种分级标准，这里我们只介绍商业宝石级珊瑚质量分级。目前，商业上将宝石级珊瑚分为三类。

活体珊瑚

活体珊瑚是最好的珊瑚，明亮润泽，结构致密。这种珊瑚在捕捞上来前仍然是活体，珊瑚表面有生物组织，在其钙质骨骼表面上有薄膜。

18k 镀金女士红珊瑚手链

红珊瑚 18k 铂金镶钻项链吊坠　　　　　　　　　红珊瑚 18K 金镶钻项链吊坠

倒珊瑚

倒珊瑚是仅次于活体珊瑚的一种。这种珊瑚是在捕获前已停止生长但仍未受海水腐蚀的珊瑚，磨光后光泽好。

死珊瑚

死珊瑚是低值的珊瑚，结构较疏，表面有较多的虫孔，加工后的珊瑚光泽较差。这种珊瑚在捕获前已完全停止生长，就是珊瑚虫死后的骨骼残留，受到海水的腐蚀较严重。

珊瑚的收藏要点

珊瑚收藏在上述基础上，还要参考工艺加工质量以及饰物的设计等因素，珊瑚工艺设计加工的水平对珊瑚工艺品的价值有重要的影响。特级或一级红珊瑚雕刻而成的工艺品价格弹性最大，主要视雕刻工艺及制作公司的情况而定，红珊瑚戒价格由几万元到几十万元。一些有名的工艺大师的作品更是无价之宝。戒指和圆珠项链的价值视其大小和搭配而定，从几千元到几万元，块度越大越好。红珊瑚胸坠的价值还受到各个地方习俗的影响，如阿拉伯人偏爱鲜红色，而欧洲流行粉红色。佩戴和收藏红珊瑚饰品已成为当今的一种时尚。

对于一些混杂有不同级别的原料，例如红色，颜色也较鲜艳，但块度小于0.6米的原料，抑或是呈粉红色，具有很好光泽，块度大于0.6米的原料，级别的确定则应视实际情况而定。

红珊瑚八仙过海摆件

第十一章

绚丽夺目的尖晶石

尖晶石的艳丽并不比红宝石差，且一直被人们认为是红宝石的姐妹，而它的纯净度甚至连红宝石都无法媲美。在目前的市场上有独领彩色宝石之风骚的趋势。

G_{em}

黑色尖晶石耳坠

尖晶石原石

G尖晶石的基本特征
em ▶▶▶

　　尖晶石的英文名称为 Spinel，源自希腊文 Spark，意思是"红色或橘黄色的天然晶体"；也有人说是来自拉丁文 Spinella，意思是"荆棘"。

　　尖晶石为均质体，是镁铝氧化物组成的矿物，包括铝尖晶石和铬尖晶石等亚族。晶系属等轴晶系，结晶习性、晶体形态为八面体及八面体与菱形十二面体的聚形。尖晶石内部可见固态内含物（如八面体负晶、石墨、磷灰石、石英等）与气液内含物、八面体晶面生长带、双晶纹等。玻璃光泽至亚金刚光泽，硬度为 8，密度为 3.60 克／立方厘米，折光率为 1.718，中等色散，无解理，断口为贝壳状断口。尖晶石由于所含元素不同，因此呈现出的颜色也不同，有红色、蓝色、粉红色、紫红色、黄色、绿色、橙色、褐色、紫色以及无色等。但作为宝石通常为红色品种，为了与红宝石相区别，人们称它为"大红宝石""红晶宝石""红色尖晶石"。有的尖晶石有四射星光、六射星光以及变色效应。黑色、灰色或灰蓝色不透明的尖晶石，加工成弧面后有六射星光，是非常稀有的尖晶石品种，仅产于缅甸。

世界知名尖晶石

目前世界上最迷人且最具有传奇色彩的尖晶石有"铁木尔红宝石"（Timur Ruby），重 361 克拉；1660 年被镶在英国国王王冠上的"黑色王子红宝石"（Black Prince's Ruby），重约 170 克拉；现存于俄罗斯莫斯科金刚石库中的红天鹅绒色尖晶石是世界上最大、最漂亮的尖晶石，重 398.72 克拉，是 1676 年俄国特使奉命在我国北京用 2672 枚卢布金币买下的。

G em ▶▶▶ 尖晶石的产地

宝石级尖晶石主要是指镁铝尖晶石，产于冲积砂矿中。世界上很多国家都产尖晶石，其主要产地有缅甸、斯里兰卡、泰国、肯尼亚、尼日利亚、坦桑尼亚、巴基斯坦、越南、美国、阿富汗、中国等。

其中红色、蓝色尖晶石以缅甸、斯里兰卡、泰国的最为著名；阿富汗以出产大颗粒的红色尖晶石而驰名于世；东南亚各国则产量最多。

阿富汗尖晶石戒指

G尖晶石的种类
em ▶▶▶

尖晶石按其所含元素的不同，可分为铝尖晶石、铁尖晶石、锌尖晶石、锰尖晶石、铬尖晶石等。按其颜色划分，有红色、蓝色、绿色、无色、浅紫色、蓝紫色、黄色、褐色、粉色、紫红色尖晶石等。根据特殊光学效应划分，有变色尖晶石、星光尖晶石和普通尖晶石。

按颜色分类

红色尖晶石

红色尖晶石的各种红色调都是因为尖晶石内部所含的微量元素铬所致，其中纯正的红色是尖晶石中最珍贵的品种。其颜色跨度从浅粉红至极深的铁铝榴石的暗红色。另外，也有将橙红色至橙色的尖晶石品种归入红色范畴内。

椭圆形尖晶石耳环

蓝色尖晶石

蓝色尖晶石

　　蓝色尖晶石因 Zn^{2+} 和 Fe^{2+} 而呈蓝色，多数蓝色尖晶石是从灰暗蓝到紫蓝或带绿的蓝色。

　　蓝色尖晶石的密度和折射率都比普通尖晶石要高。目前市场上所见的大多为近期以俄罗斯助熔剂法所制的合成品。

绿色尖晶石

　　绿色尖晶石的绿色一般是由 Fe^{3+} 所致，颜色发暗，有的基本呈黑色，真正黑色的尖晶石在蒙特桑玛、泰国等有发现。

无色尖晶石

　　无色尖晶石很稀少，多数天然无色尖晶石都或多或少地带有粉色调。

方形绿色尖晶石

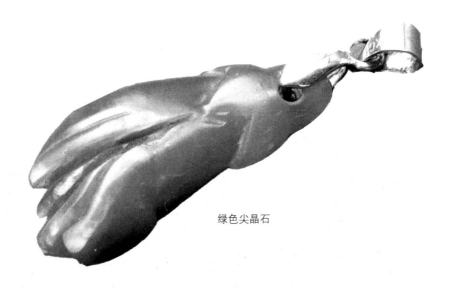

绿色尖晶石

按光学效应分类

变色尖晶石

目前所知的变色尖晶石非常稀少，在日光下呈蓝色，在人工光源下呈紫色。

星光尖晶石

星光尖晶石一般呈暗紫色到黑色，红色的最有价值，数量很少。可呈四射星光或六射星光，其主要原因是内部有针状金红石包含物，主要发现于斯里兰卡。

G尖晶石的评价标准
em ▶▶▶

尖晶石的评价主要从颜色、透明度、净度、切工和大小等方面进行，其中颜色最为重要。

根据颜色的不同，尖晶石以纯正的红色为最佳，其次是橙红、浅红、紫红、蓝色，要求色泽纯正、鲜艳。实际上红色尖晶石大多数为接近镁铝榴石的酒红色，是在红色到紫红色范围内的颜色渐变。

尖晶石的透明度影响颜色和光泽，同时受净度影响。其内部瑕疵越少、质地越纯净、透明度越高，价值也就越高。透明度很高的尖晶石很适合切磨成刻面宝石，尖晶石在切割时，不必过多考虑方向性，尽可能保持重量，并需要精细抛光。单粒10克拉以上的尖晶石是很罕见的，因此，每克拉价格也会比一般尖晶石高一些。

颜色、透明度、重量是评价与选购尖晶石的依据，另外，有星光效应的尖晶石也较贵重。虽然尖晶石只属于中档宝石，但由于人工制作成本低廉，方法简单，且能染成各种颜色，所以市场上也有很多尖晶石的仿制品。

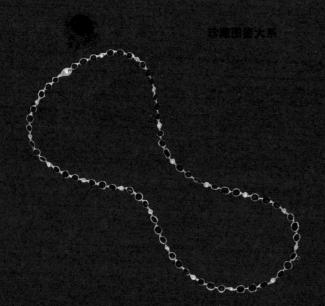

天然缅甸红色尖晶石配钻石项链

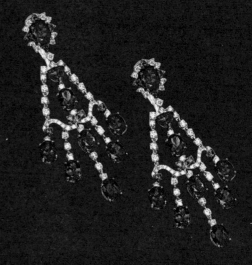

粉红色尖晶石配钻石耳环

枕形缅甸尖晶石钻石耳环

红色尖晶石胸针

G尖晶石的鉴别
em ▶▶▶

合成品鉴别

　　合成尖晶石，最初是在合成蓝宝石时，由于实验员失手将镁掉入了熔融液中意外产生的。对于合成尖晶石，可以运用偏光原理来检测。合成尖晶石的折射率为1.728，密度为 3.52~3.66 克 / 立方厘米，均略高于天然品。在偏光仪中转动宝石，虽呈全消光，但不均匀。而天然尖晶石则没有这样明显的亮度变化，基本上是黑暗的，即使有亮度变化，也很微弱。另外，合成尖晶石内可见弧形生长纹、未熔融粉末、气泡等内含物，在短波紫外荧光照射下可出现白垩荧光。而天然尖晶石内含物为矿物包裹体和指纹状包裹体，这是它所独有的。

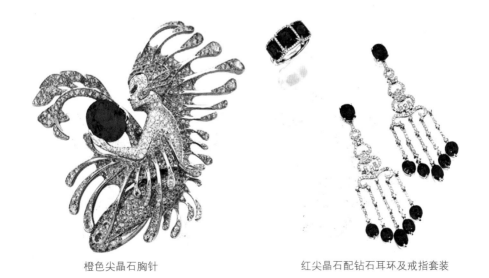

橙色尖晶石胸针　　　　　　　　　　红尖晶石配钻石耳环及戒指套装

红色尖晶石戒指

天然尖晶石裸石戒面

相似鉴别

尖晶石并不属于高档宝石，由于成本低廉，所以常被用来冒充红宝石和蓝宝石，或作为其他贵重宝石的替代品。

在很久以前红色尖晶石就被当作红宝石，著名的"黑王子红宝石"就是一块红

紫色尖晶石蝴蝶

色的尖晶石。但是红宝石有二色性，尖晶石没有二色性；红宝石颜色不均匀，而尖晶石颜色均匀；红宝石内有丝绢状包裹体，而尖晶石则为八面体的固态包体。

蓝色、绿色尖晶石往往容易和蓝宝石相混淆，不过蓝宝石二色性明显，色带平直，有丝绢状包裹体和双晶面，尖晶石则没有。另外两种宝石的密度、折光率、偏光性都不相同。因此，正交偏光镜下尖晶石全消光。在二色镜下，红、蓝宝石具有的多色性可以很容易地将它们和尖晶石区别开。

人造尖晶石鉴别

人造尖晶石颜色浓艳，包裹体少，偶尔有弧形生长线，折光率为 1.727 左右。蓝色人造尖晶石多呈艳蓝色；红色人造尖晶石多仿造红宝石的红色。可根据内部包裹体的特征作为区别依据。

人造尖晶石耳环

合成无色尖晶石

蓝绿色尖晶石项链

G em ▶▶▶ 尖晶石的选购与收藏

● ● ● ● ● ●

　　天然尖晶石精品很少，市场上出现的多是一些相似的仿品。虽然说尖晶石仅仅属于中档宝石，但根据国内彩色宝石价格的走势，尖晶石的价格很有可能一路飙升，这与国际上发达国家所经历过的彩宝之路极为相似。所以其投资潜力还是很可观的。

　　另外收藏尖晶石时还要注意尖晶石的颜色、重量和透明度，要选择上品的尖晶石实属一件难事。目前，收藏家较喜欢的颜色多为纯正的红色，其颗粒越大越好，若是没有瑕疵则更加完美。

第十二章

高雅大方的石榴石

石榴石因其浑圆状的红色晶体
相似于石榴籽的形状与颜色而得名，
也是一个色彩缤纷的宝石大家族，
在中国珠宝行业又称为"紫牙乌"，
是人们喜爱的宝石品种之一。

Gem

玻璃体紫牙乌天然石榴石手链

G石榴石的基本特征
em ▶▶▶

　　石榴石晶体与石榴籽的形状、颜色十分相似，故被称为"石榴石"。石榴石的主要宝石矿物种或变种有血红至紫红色的镁铝榴石、紫红至棕红色的铁铝榴石、玫瑰色至紫红色的红榴石、蜜蜡黄至橙黄色的锰铝榴石、祖母绿色的钙铬榴石、橙黄至褐红色的贵榴石、绿至翠绿色的钙铝榴石、翠绿色的翠榴石、黑色的黑榴石、褐色至黄绿色的钙铁榴石、绿或粉红色的水钙铝榴石。石榴石的化学成分为 $X_3Y_2(SiO_4)_3$，玻璃光泽、金刚光泽，均质体，透明至半透明，不具多色性，没有双折射现象，断口显油脂光泽。硬度为 6.5~7.5，密度为 3.5~4.3 克/立方厘米，折光率为 1.74~1.88。晶系属等轴晶系，晶体形态呈菱形十二面体、四角三八面体或二者的聚形，集合体为粒状或块状。常见针状包裹体，当这些针状包裹体十分密集时可产生四射星光效应，六射星光效应相对少见。少量产于金伯利岩中的镁铝榴石还具有变色效应，日光下呈现蓝绿色，白炽灯下呈现酒红色。查尔斯滤色镜下翠榴石变红色，水钙铝榴石呈粉红色、红色。

G石榴石的产地
em ▶▶▶

　　石榴石在自然界分布较广泛，俄罗斯、巴西、美国、斯里兰卡、肯尼亚、坦桑尼亚、澳大利亚、墨西哥、意大利、澳大利亚、瑞士、瑞典、格陵兰、挪威、印度、中国等地都有出产。

　　其中南非、津巴布韦、坦桑尼亚、澳大利亚等地主要出产镁铝榴石；美国、墨西哥、马达加斯加等地主要出产锰铝榴石；斯里兰卡、美国、加拿大、中国等地主要出产钙铝榴石；俄罗斯、朝鲜、美国等地主要出产钙铁榴石；俄罗斯乌拉尔山出产的翠榴石价值相对来说比较高。

天然 AAA 级酒红石榴石手链

G石榴石的种类
em ▶▶▶

　　石榴石按不同阳离子的类质同象替代可分为两大系列：铁铝榴石系列（镁铝榴石、铁铝榴石、锰铝榴石）和钙铁榴石系列（钙铬榴石、钙铝榴石、钙铁榴石）。晶体形态呈菱形十二面体、四角三八面体或二者的聚形，集合体为粒状或块状。

　　铁铝榴石常见针状内含物、结晶质内含物等。

紫红色石榴石项链

酒红石榴石手链

镁铝榴石的特征：内含物有针状矿物及其他形状的结晶质内含物。

钙铝榴石中含 Ca^{2+} 和 Fe^{2+}，内部常见短柱状或浑圆状晶体内含物、热浪效应。

锰铝榴石常见波浪状、浑圆状、不规则状晶体或液态内含物，锰铝榴石中可出现猫眼效应。水钙铝榴石内部含有的结晶水常含黑色铬铁矿，此黑色斑点也是鉴定水钙铝榴石的重要特征。翠榴石中含有少量的铬，颜色为绿色，具有非常显著的马尾状内含物特征。

天然双桃红碧玺瓜形吊坠

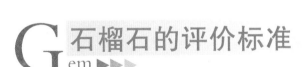

石榴石的评价标准

石榴石是中低档宝石之一，其中绿色宝石属于名贵品种，甚至可接近同样颜色祖母绿的价格。总体来说，石榴石的评价主要依据为颜色、透明度、重量、净度、切工等。颜色浓艳、纯正，透明度高的品种是紫牙乌的佳品。

石榴石的价值依颜色从绿色、橙黄色、红色到暗红色依次降低。翠绿色的翠榴石纯净无瑕，颜色鲜艳，晶莹剔透，其价值很高。另外翠绿色铬钒铝榴石价值也很高，质优者可与祖母绿相媲美。红色、橙红色石榴石也很宝贵。此外，颗粒大、切

石榴石串珠

工完美的石榴石其价格也相当昂贵，目前市场上所见的石榴石大多是小颗粒的，很少看见2克拉以上的石榴石，因此说越是大的石榴石其价值也就越高。另外具有特殊光学效应的变色石榴石和星光石榴石也有很高的商业价值。

石榴石的鉴别

与红色石榴石相似的系列宝石有红色尖晶石、红宝石、红色碧玺、红色锆石等。

与相似宝石及仿品的鉴别

自然界中与各种石榴石颜色相近的宝石有很多，如红宝石、蓝宝石、祖母绿、人造刚玉等，它们均为非均质体，在偏光镜下可区分。此外，在密度、包裹体、折射率、色散度、荧光等方面都可以进行区分。

石榴石配钻石戒指

石榴石黄晶镶钻戒指——"花篮"

与人工合成石榴石的鉴别

天然石榴石与人工合成石榴石的主要区别在于内部包裹体和密度。合成的石榴石颜色均一、无瑕疵，偶见少量气泡，滤色镜下呈红色，密度大，而各色天然石榴石都有一些瑕疵或结晶包裹体。玻璃仿品内部更干净，放大镜下能看到一些圆球状、面包屑状气泡。

翠绿石榴石配钻石"蜻蜓"别针

G石榴石的选购与收藏
em ▶▶▶

　　石榴石属于中低档宝石，本没有收藏价值，只有其中的珍贵品种具备一定的投资价值和收藏价值。但是现今市场上出现的红榴石和翠榴石却是难得的品种。颜色是石榴石价值大小的决定性因素，绿色的石榴石尤其是翠榴石市场价值较高，可用于收藏。因为翠榴石的产量稀少，颜色透绿。如果能遇到形状好、工艺好、颗粒大、透明度高的翠榴石，是值得好好收藏的，其价值足以和祖母绿相提并论。大部分的翠榴石都小于1克拉，达到2克拉的非常罕见，5克拉的就属于世界级的宝石了。其次是红色和橙红色的石榴石。目前市场上出现的普遍为暗色品种，翠榴石和玫瑰红色十分难得。

　　具猫眼效应的石榴石，若是其色正、星线或眼线好，价值会非常高。

18K 铂金镶钻石绿石榴石戒指

18K 金镶绿石榴石襟针

宝石颜色鲜艳，质地晶莹，光泽灿烂，坚硬耐久，多数是用以制作首饰的天然矿物晶体，如钻石、祖母绿、红宝石、蓝宝石等；也有少数是天然单矿物集合体，如冰彩玉髓、欧泊；还有少数几种有机质材料，如琥珀、珍珠、珊瑚等。

随着社会经济的发展，人们的生活水平不断提高，宝石也越来越多地出现在人们的生活中，无论是当作摆件，还是用来把玩，抑或作为首饰、装饰，一直深受人们的喜爱。它们绚丽多彩、质地细腻、熠熠生辉。

为编撰本书，收集资料，我们特意来到天津南开区古文化街的"东玺珠宝"，店主王勇先生得知我们的来意后，非常热情地接待了我们。走进店内，我们立刻被各种宝石的光影流动、绚烂夺目所吸引。每个宝石都根据自己的特色被加工成独具风格的装饰品，彰显着其特有的雍容华贵，至为优雅，令人心醉、神往。王先生指着我们最熟悉的钻石说："钻石之所以被称为'宝石之王'，成为最昂贵的宝石品种，不仅仅是因为它本身的魅力、光泽和象征意义，还与钻石矿床的探测、开采、加工等有着密切的关系。除了钻石以外的有色宝石都可以称为彩色宝石，它的种类繁多，包括红宝石、蓝宝石、祖母绿、碧玺、葡萄石等，是自然界孕育的精华，集万千宠爱于一身，被很多人竞相追逐。"王先生边说边向我们展示着各种不同的宝石，使我们获益匪浅。

本书得以呈现在广大读者面前，离不开王先生的鼎力相助与朋友们的支持。

在本书付梓之际，感谢给予本书帮助及提供相关资料的朋友及工作人员，希望广大读者阅读完本书，能够了解宝石、喜爱宝石。同时，也期待广大读者朋友与我们进行交流与切磋。

《宝 石》
（修订典藏版）
编委会

● **总 策 划**

王丙杰　贾振明

● **编 委 会**〔排序不分先后〕

玮 珏　苏 易　夏 洋

庄新飞　郝卫亚　青 铜

玲 珑　伊 记　王虹霞

● **版式设计**

文贤阁

● **图片提供**

王 勇　贾 辉　赵一凡

天津古玩城东玺珠宝

http://www.nipic.com

http://www.huitu.com

http://www.microfotos.com